생활 속의
전기 이야기

이준회 지음

책머리

우리 주변에는 전기 현상과 전기 제품으로 가득 차있다. 전기는 이미 우리 생활의 일부가 되어 컴퓨터, 세탁기, 전화기, 냉장고, 전자레인지, 진공청소기 등을 비롯하여 크고 작은 기계들도 전기를 이용하여 작동을 한다. 이제는 전기 없는 생활은 상상조차 할 수 없다. 그럼에도 불구하고 일상 생활에서 일어나는 전기 현상에 대하여 모르는 것이 많다.

우리는 가정에서나 직장 또는 여러 장소에서 전기를 쓰고 혜택을 많이 받고 있다. 그러나 전기 현상에 대해 알 수 없는 두려움을 가지고 있기도 하고 그 위험에 대해 쉽게 잊어버리기도 한다.

전기는 우리 생활 속에 깊숙이 자리 잡고 있다. 전기 현상에 대한 원인과 결과를 자세하게 설명하자면 물리학의 깊숙한 부분까지 이야기를 하게 되어 전문적인 내용이 되므로 재미가 없어져 흥미를 잃을 수도 있다.

이 책은 전기에 대해 알아야 할 상식들의 기본적인 원리와 결과에 대하여 상세하게 해설하기 보다는 일상의 경험 속에서 나타나는 현상을 통하여 생활 속에서 즐길 수 있는 문제를 재미있게 설명하였다. 또한 되도록 넓은 범위의 독자가 읽을 수 있게 쉬운 부분부터 천천히 설명해 나간다. 그러므로 전기에 대하여 친밀감을 느끼고 너무 가까이 있어 평상시에는 깨닫지 못했던 전기의 중요성을 알았으면 한다.

2005년 8월 저자

차례

생활 속의 전기이야기

1. **전기 현상의 근원 • 013**
   전기 현상은 무엇 때문에 일어나는가?

2. **도체인 구리반지 • 017**
   구리반지가 전기를 띠지 않는 이유는?

3. **자유전자 • 021**
   자유전자는 무엇인가?

4. **도체와 부도체 • 025**
   도체와 부도체란 무엇인가?

5. **유조차와 지구 • 027**
   유조차 뒤에 쇠사슬을 메는 이유는?

6. **마찰전기의 원인 • 029**
   마찰시키면 왜 전기를 띠는가?

7. **대전열과 마찰전기 • 033**
   마찰 물질에 따른 전기의 종류

8. **물과 대전체 • 037**
   정전기 유도란 무엇인가?

9. **정전기와 치마 • 041**
   왜 치마나 바지가 다리에 붙을까?

10. **정전기와 옷 • 043**
    어떤 옷을 입어야 정전기를 예방할 수 있을까?

11. **정전기와 날씨 • 047**
    정전기는 어떤 날씨에 더 잘생길까?

12. **전하의 분리 • 049**
    전기를 분리할 수 있는가?

13. **번개 • 051**
    번개는 어떻게 생기는 걸까?

14. **번개 피하기 • 055**
    어디로 피해야 안전할까?

15. 피뢰침 • 059
   피뢰침의 용도는?

16. 번개와 천둥소리 • 063
   번개와 천둥소리의 속력은?

17. 쿨롱의 법칙 • 065
   전기력의 크기와 거리

18. 전기력의 범위 • 067
   전기장이란 무엇인가?

19. 전하 모으기 • 069
   전하를 저장하는 장치는?

20. 축전기의 전하 • 073
   어떤 전하가 움직이는 걸까?

21. 축전기와 전압-I • 077
   병렬연결할 때 걸리는 전압은?

22. 축전기와 전압-II • 079
   직렬연결할 때 걸리는 전압은?

23. 축전기와 전압-III • 081
   안전한 축전기는?

24. 축전기의 병렬연결 • 083
   전기용량은 커진다.

25. 축전기의 직렬연결 • 087
   전기용량은 작아진다.

26. 축전기와 유전체 • 091
   축전기에 유전체를 넣으면?

27. 자유전자의 운동-I • 095
   전구에 불이 들어올까?

28. 자유전자의 운동-II • 099
   전기장 내에서 자유전자의 이동

· **005** ·

29. 자유 전자의 운동-Ⅲ • 101
전기장 내에서 자유 전자의 속력

30. 불이 들어오는 전구 • 105
어떤 전구에 불이 켜질까?

31. 전류의 방향-Ⅰ • 107
전류의 방향과 전자의 이동방향

32. 전류의 방향-Ⅱ • 111
전류의 방향과 전압

33. 전기에너지의 공급 • 115
전기 에너지를 공급하는 장치는?

34. 건전지의 사용-Ⅰ • 119
건전지의 전압

35. 건전지의 사용-Ⅱ • 123
건전지의 직렬연결

36. 건전지의 사용-Ⅲ • 127
건전지의 병렬연결

37. 따뜻한 도선 • 131
전류가 흐르는 도선이 따뜻한 이유는?

38. 저항-Ⅰ • 135
저항과 도선의 길이

39. 저항-Ⅱ • 137
저항과 도선의 단면적

40. 저항-Ⅲ • 139
저항과 도선의 온도

41. 저항-Ⅳ • 141
전선과 필라멘트의 저항

42. 오음의 법칙 • 143
전류와 전압과 저항의 관계

43. 저항의 직렬연결 • 147
저항이 커진다.

44. 저항의 병렬연결 • 153
저항이 작아진다.

45. 전구의 직렬연결 • 159
전구 하나가 끊어지면?

46. 직렬연결의 밝기는 • 161
전구를 하나 더 연결하면 밝기는?

47. 전구의 병렬연결 • 165
전구 하나가 끊어지면?

48. 병렬연결의 밝기는 • 167
전구를 하나 더 연결하면 밝기는?

49. 감전원인 • 171
감전이 일어나는 원인은?

50. 감전사고 • 173
젖은 손이 더 감전되기 쉽다.

51. 새는 전류 • 177
누전이란 무엇인가?

52. 강한 전류 • 179
단락이란 무엇인가?

53. 전구의 전력-I • 181
직렬연결 시 소비 전력

54. 전구의 전력-II • 183
병렬연결 시 소비 전력

55. 전류의 열작용-I • 185
저항의 직렬연결과 열

56. 전류의 열작용-II • 187
저항의 병렬연결과 열

57. 전기와 전자 • 189
전기를 쓴다는 것은?

58. 가정의 전기제품 • 191
가정의 전기제품은 어떤 연결로 사용할까?

59. 지구라는 자석 • 195
지구의 북쪽은 무슨 극 일까?

60. 자석의 분리 • 197
전하와 같이 나눌 수 없다

61. 전류가 흐르는 도선 • 201
전류와 자기장의 관계

62. 솔레노이드 • 205
균일한 자기장을 만든다.

63. 자기장과 도선 • 207
도선이 자기장으로부터 받는 힘

64. 자기장과 전하 • 211
전하가 자기장으로부터 받는 힘

65. Faraday 유도법칙 • 213
자기장이 변하면 전류가 흐른다

66. 유도 전류 • 217
유도 전류의 방향은?

67. 렌즈의 법칙-I • 221
자석의 운동과 유도전류

68. 렌즈의 법칙-II • 225
자석의 운동과 유도전류

69. 코일과 전류 • 227
역기전력이란 무엇인가?

70. 변압기 • 229
건전지로 승압시키면 TV를 볼 수 있을까?

71. 전력수송 • 233
가정용 전압을 110V에서 220V로 높인 이유는?

72. 전자기파 • 239
전자기파는 어떤 파인가?

73. 전자기파의 특성 • 241
전자기파는 어떤 특성을 가지고 있는가?

74. 전자기파의 분류 • 243
전자기파는 무엇으로 분류하는가?

75. 전자기파-I • 245
방송에 사용하는 전자기파

76. 전자기파-II • 249
전자렌즈에 사용하는 전자기파

77. 전자기파-III • 251
물체의 온도 높이는 전자기파

78. 전자기파-IV • 253
물체를 보는데 사용하는 전자기파

79. 전자기파-V • 257
피부를 태우는 전자기파

80. 전자기파-VI • 259
사람의 몸을 투과하는 전자기파

부록

생활 속의 전기이야기

구름 • 265
원자 모형의 변천 • 266
원자와 이온 • 268
이온화 에너지 • 270
전기력 • 271
전기력의 비례상수K • 273
전기력선 • 274
전기 사용 시 주의 사항 • 277
전기 에너지 • 280
전기 에너지 절약 방법 • 281
전기 용량 • 282
전기장 • 285
전기장과 전위 • 287
전기 저항 • 288
전력 • 289
전력량 • 292
전류의 크기 • 293

전위와 전위차 • 296
전자레인지 • 298
전자배치 • 299
전지와 축전지 • 300
전하의 양자화 • 302
접지의 필요성 • 303
줄열 • 305
직류와 교류 • 306
자기장 속에서 대전 입자가 받는 힘 • 309
자기장 속에서 도선이 받는 힘 • 311
초음파 • 312
파의 특성 • 313
퓨즈와 차단기 • 316
플러그와 콘센트 • 318
형광등 • 320
힘 • 322

알아두기

생활 속의 전기이야기

전기력 • 016
원자 • 020
절연파괴 • 058
축전기의 용도 • 072
유동 속도 • 104
전류의 작용 • 110
에너지 • 118
건전지 • 126
전해질 • 130

코드(전선) • 134
전류 측정법 • 152
저항 측정법 • 158
전압 측정법 • 164
백열 전구 • 170
자기력선 • 204
상호 유도 • 232
변압기 • 238
태양의 흑체 복사 곡선 • 256

01. 전기 현상의 근원

- 전기 현상은 무엇때문에 일어나는가? -

 유리 막대는 명주에 마찰시키고 플라스틱 막대는 털(모피)에 마찰시킨 후 같은 종류의 막대를 가까이 하면 서로 밀어내고 다른 종류의 막대를 가까이 하면 서로 잡아당긴다. 마찰에 의하여 이와 같은 현상이 일어나는 이유는 물질들이 무엇을 가지고 있기 때문일까?

❶ 질량을 가지고 있어서
❷ 전하를 가지고 있어서

생활속 전기이야기

유리 막대를 명주에 마찰시켜 서로 가까이 가져가면 두 유리 막대는 서로 밀어낸다. 또한 플라스틱 막대를 털(모피)에 마찰시켜 가까이 가져가면 서로 밀어낸다. 하지만 명주에 마찰시킨 유리 막대와 모피에 마찰시킨 플라스틱 막대를 가까이 하면 서로 잡아당긴다. 이와 같은 현상이 일어나는 원인은 유리 막대나 플라스틱 막대가 명주나 털과 무엇인가를 주고받았다고 생각할 수 있다. 이 무엇인가가 전하(electric charge)이다.

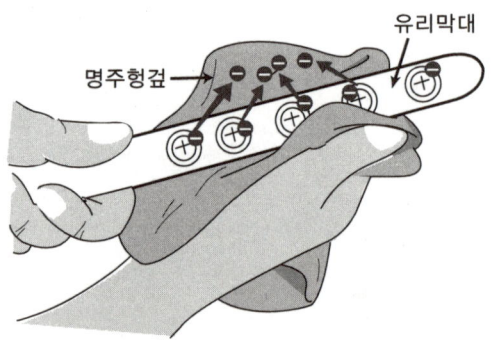

명주에 유리 막대를, 모피에 플라스틱 막대를 마찰시킬 때 각각의 물질들이 전하를 가지고 있기 때문에 마찰에 의해 전하를 주고받은 결과 서로 밀거나 잡아당기는 힘을 작용하게 된다. 이러한 전기 현상의 근원이 되는 물리량을 전하라고 한다. 전하는 물질이 갖는 기본 특성 중의 하나이다.

전하에는 양전하(positive charge)와 음전하(negative charge)라 불리는 두 가지의 다른 종류가 있다. 오늘날 널리 쓰이는 양전하와 음전하라는 용어는 프랭클린(Franklin, 1740~1790)에 의해 붙어진 이름으로 유리 막대에 생기는 전하를 (+)전하라고 불렀고 플라스틱 막대에 생기는 전하를 (-)전하라고 불렀다.

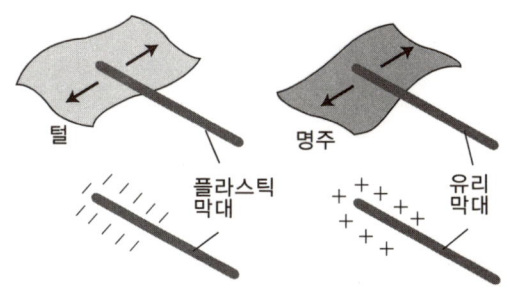

정 답 ②

 알아두기

■ 전기력

 (+)전하나 (-)전하로 이루어진 물질 사이에는 힘이 작용한다. 같은 종류의 전하로 대전된 두 물체 사이에는 서로 미는 힘인 척력이 작용한다. 그러나 다른 종류의 전하로 대전된 두 물체 사이에는 서로 잡아당기는 힘인 인력이 작용한다. 이러한 종류의 힘을 전기력이라고 한다.

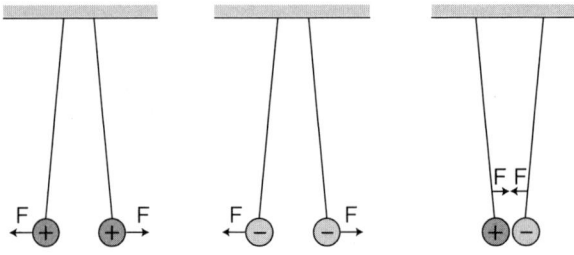

 (+)전하나 (-)전하 수가 서로 같도록 섞이면 거의 안전한 균형을 이루게 되어 이들 사이에는 전기적으로 밀거나 당기는 힘이 전혀 존재하지 않는다.

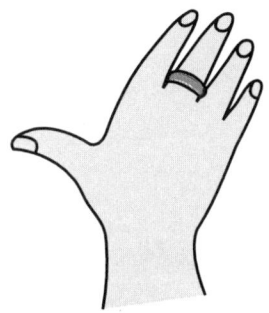

02. 도체인 구리반지

구리반지가 전기를 띠지 않는 이유는?

모든 전자 제품은 전기를 사용하여야만 본래의 기능을 활용할 수 있기 때문에 전선의 재료로 전기를 통과시키기 쉬운 금속 도체를 사용한다. 그 중에서 구리가 전선 재료로 가장 많이 사용된다. 이와 같이 구리는 전기를 잘 전달시키는 대표적인 도체인데 이 구리로 반지를 만들어 손가락에 끼고 다녀도 감전이 되었다고 하는 사람은 없다. 왜 구리 반지는 전기를 띠지 않을까?

❶ 크기와 질량이 작아서
❷ 원자핵에 중성자가 있어서
❸ 양성자수와 전자수가 같아서

생활속 전기이야기

물질은 원자로 구성되어 있다. 원자는 핵(nucleus)과 전자(electron)로 구성되어 있으며 핵은 양성자(proton)와 중성자(neutron)로 이루어져 있다. 원자를 이루는 양성자, 중성자, 전자 가운데 전기적인 성질을 띠고 있는 것은 양성자와 전자이다. 양성자는 (+)성질을 띠는 양전하를 가지고 있고 전자는 (-)성질을 띠는 음전하를 가지고 있다. 따라서 원자는 (+)전하를 갖는 원자핵과 (-)전하를 갖는 전자로 구성되어 있다.

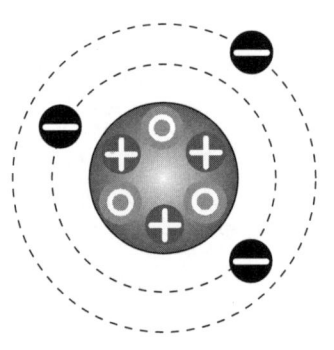

⊕양성자, ⊙중성자, ⊖전자

도체인 구리반지

　원자는 원자핵 속에 포함되어 있는 (+)전하인 양성자 수와 같은 수의 전자가 있기 때문에 원자 전체로는 (+)전기와 (−)전기의 양이 같다. 따라서 모든 물체는 전기적으로 중성이다.
　물질이 나타내는 전기적 성질은 물질 내의 원자핵이 갖는 (+)전하와 전자가 갖는 (−)전하의 변화에 의해 일어난다. 정상 조건(외부로부터 어떤 자극을 받지 않는 상태)에서 모든 물질은 전기적으로 중성이기 때문에 전기를 띠지 않는다. 즉 대부분의 물체는 외부로부터 어떤 자극을 받지 않는 한 보통 전기적으로 중성인 상태로 존재하게 된다. 그러나 마찰이나 다른 자극을 받게 될 때 전기를 띠게 된다.

정답 ③

■ 원자

원자는 물질을 쪼갤 때 더 이상 조개지지 않는 입자, 즉 원자(atom) 라는 말은 그리스어로 "쪼갤 수 없다"는 뜻을 갖는 말이다. 물의 분자는 H_2O로 수소(H)와 산소(O)로 분해할 수 있다. 수소와 산소는 더 이상 분해할 수 없는 물질로 원소라고 부르며 원소의 성질을 유지하고 있는 가장 작은 입자가 원자이다.

각각의 원자들은 특정한 수의 양성자와 전자를 갖고 있으며 이들 수에 의하여 다른 원소의 원자들과 구별된다. 원자의 구조는 여러 가지 변화가 있었는데 현대에는 원자핵을 중심으로 해서 그 주위를 전자가 둘러싸고 있다고 생각하고 있다.

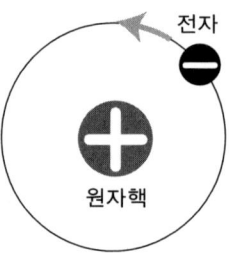

【원자모형】

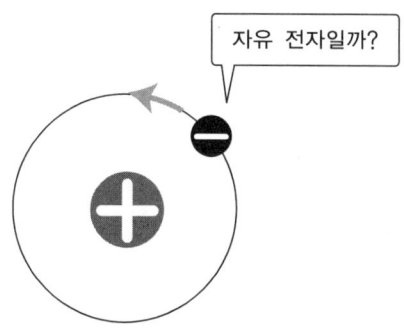

03. 자유전자

- 자유전자는 무엇인가? -

금속을 이루는 원자 내의 전자들 가운데 일부는 원자에 구속되어 있지 않고 금속 내를 자유롭게 운동할 수 있다. 이와 같은 역할을 하는 전자는 원자의 어느 궤도에 있는 전자일까?

❶ 가장 안쪽 궤도의 전자
❷ 가장 바깥 궤도의 전자

원자는 중심에 (+)전하를 가진 원자핵과 그 주위에 (-)전하를 가진 전자로 구성되어 있다. 전자는 원자핵 주위를 각각의 궤도에서 원운동을 한다. 원자내의 전자들은 (+)로 대전된 핵과 (-)로 대전된 전자들 사이에 발생하는 정전기적 인력에 의해 원자핵에 구속되어 있다. 원자내의 전자 궤도 중 가장 바깥쪽 궤도에 있는 전자를 최외각 전자라고 한다.

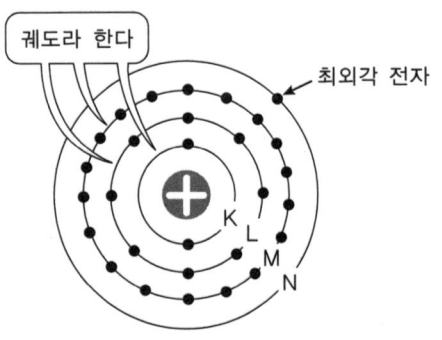

【구리의 원자 모형】

최외각 전자들은 원자핵으로부터 거리가 멀기 때문에 안쪽 궤도의 전자들보다 핵으로

자유전자

부터 약한 인력을 받는다. 또한 최외각 전자들은 안쪽 궤도의 전자들로부터 반발력을 받는다. 따라서 최외각 전자들은 안쪽 궤도의 전자들보다 원자핵으로부터 훨씬 약하게 구속되어 있다.

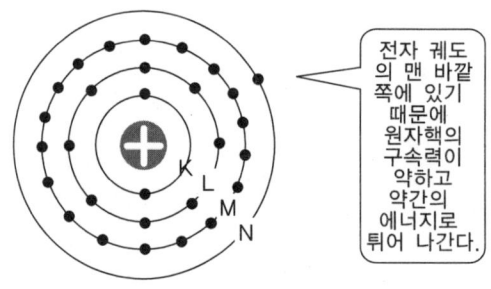

전자 궤도의 맨 바깥쪽에 있기 때문에 원자핵의 구속력이 약하고 약간의 에너지로 튀어 나간다.

각 원자에는 한 개 혹은 그 이상의 최외각 전자들이 있다. 원자가 마찰과 같은 충격이나 에너지를 받으면 원자핵으로부터 구속력이 작은 최외각 전자는 원자로부터 쉽게 떨어져 나갈 수 있다. 이들은 마치 기체 분자가 상자 속에서 움직임이 자유스러운 것처럼 금속 전체를 자유롭게 움직인다. 이렇게 원자핵에 속

박되지 않고 원자 사이를 자유롭게 돌아다닐 수 있는 전자를 자유 전자(free electron)라고 한다. 자유 전자는 (-)전하를 갖고 원자 사이를 제멋대로 떠돌아다닌다

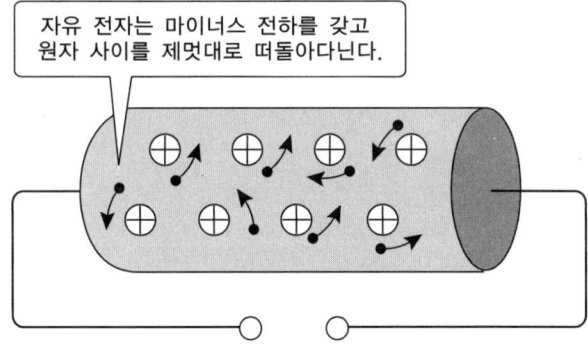

자유 전자는 마이너스 전하를 갖고 원자 사이를 제멋대로 떠돌아다닌다.

정답 ②

04. 도체와 부도체

- 도체와 부도체란 무엇인가? -

구리선을 전선으로 사용할 때 구리를 노출시킨 상태로 사용하면 감전이나 합선의 위험성이 높다. 따라서 구리 전선은 반드시 고무나 비닐과 같은 전기가 흐르기 어려운 물질로 감싸서 사용해야 사람이 만지더라고 감전되지 않는다. 이와 같은 고무나 비닐의 물질을 무엇이라고 하는가?

❶ 도체
❷ 부도체
❸ 반도체

생활속 전기이야기

　물질에는 전기를 통과시키기 쉬운 물질과 통과시키기 어려운 물질이 있다. 구리와 같이 전기를 통과시키기 쉬운 물질을 도체(conductor)라고 한다. 도체는 대부분의 금속, 사람의 몸, 지구 등이다. 모든 물질은 원자핵과 전자로 구성되어 있다. 금, 은, 구리, 철, 알루미늄 등 도체의 전자들 가운데 일부는 원자에 구속되어 있지 않고 도체 속을 자유롭게 운동할 수 있다. 이와 같은 전자를 자유 전자라고 하고 자유 전자의 일정한 흐름이 전류이다.
　비닐, 고무처럼 전기를 통과시키지 않거나 통과시키기 어려운 물체를 부도체(insulator)라고 한다. 부도체는 유리, 나무, 종이와 플라스틱과 같은 물질로 금속과 같은 자유 전자를 갖고 있지 않다. 부도체를 이루는 원자 내의 전자들은 원자핵에 강하게 구속되어 확실히 묶여 있기 때문에 자유롭게 움직일 수 없다. 따라서 전기가 통하지 못한다. 또한 부도체는 전기나 열을 거의 통과시키지 않기 때문에 절연체라고도 한다.

정답　②

05. 유조차와 지구

- 유조차 뒤에 쇠사슬을 메는 이유는? -

기름을 싣고 다니는 유조차는 뒤쪽에 쇠사슬을 늘어뜨려 지면에 끌고 다니는 것을 본적이 있을 것이다. 이와 같이 유조차와 지구를 쇠사슬로 연결하는 것을 무엇이라고 하는가?

❶ 누전
❷ 단락
❸ 감전
❹ 접지

생활속 전기이야기

기름을 싣고 다니는 유조차는 뒤쪽에 쇠사슬을 늘어뜨려 지면에 끌고 다니는 것은 순간적인 전기 불꽃에 기름이 폭발하지 않도록 철사 고리를 통해 미리 전기를 땅으로 흘려보내기 위해서이다.

지구는 대체로 좋은 도체이며 물체를 대전시키거나 방전 시키는데 필요한 전자들을 받거나 주는 거대한 공급원으로 행동한다. 따라서 대전된 물체를 방전시키기를 원할 때에는 물체와 지구를 도선으로 연결하면 전자들이 도선을 통해서 지구로 흘러나가 물체는 방전된다. 그러므로 전기 쇼크의 가능성을 없애기 위해 대부분의 전기 기구를 둘러싸는 금속은 지구와 도선으로 연결되어야만 한다.

절연된 상태(도체 사이에 전기가 통하지 않는 상태)에서 전기가 모여 대전되면 전하가 빠져나갈 곳이 없기 때문에 사람이 접촉했을 때 감전의 위험이 있다. 따라서 이 모인 전하를 의도적으로 지면으로 내보내 사람의 몸으로 흐르지 않도록 하는 것이 접지다. 접지는 영어로는 어스(earth)라고 하는데 원래는 지구 또는 지면을 뜻하지만 여기서는 모인 전기를 지면으로 내보내 준다는 뜻이다.

정답 ④

06. 마찰전기의 원인

- 마찰시키면 왜 전기를 띠는가? -

모든 물체는 전기적으로 중성이다. 그러나 물체를 마찰 시키면 물체가 전기를 띠게 된다. 이와 같이 마찰에 의하여 물체가 대전되는 원인은 무엇인가?

❶ 전자수의 변화
❷ 양성자수의 변화
❸ 중성자수의 변화

　물체를 서로 문질렀을 때 생기는 마찰 전기는 가장 흔하게 일어나는 전기 현상이다. 대부분의 물체는 외부로부터 어떤 자극을 받지 않는 한 (정상조건), 보통 전기적으로 중성인 상태로 존재한다. 그러나 물체가 마찰이나 다른 자극을 받게 되면 그 물질을 구성하고 있는 분자나 원자의 특성에 따라 전자를 쉽게 잃거나 받아들여 전기를 띠게 된다.

　어떤 물체가 전기를 띠게 되는 것은 항상 전하를 물체에 가해주거나 제거하여 만들어진다. (+)전하를 띠고 있는 원자핵들은 거의 전기적인 과정에서 변하지 않고 정상적으로 남아 있다. 그러므로 물체는 (−)전하를 띠는 전자를 받아들여 (−)전기를 띠고 전자를 방출하여 (+)전기를 띠게 된다. 즉 전자의 수를 변화시키면 물체는

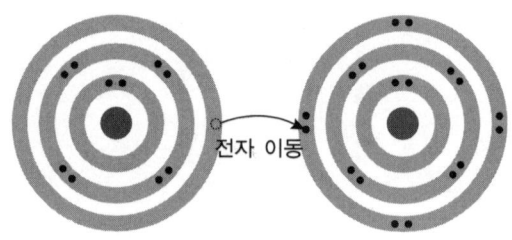

마찰전기의 원인

전기를 띠게 된다.

　마찰이나 다른 자극을 받게 될 때 왜 전자가 이동을 할까? 원자핵 속의 양성자 질량과 전자 질량이 차이가 나기 때문이다. 전자 한 개의 질량은 $m_e=9.1\times10^{-31}$kg이고 원자핵 속의 (+)전기를 띠는 양성자 한 개의 질량은 $m_p=1.67\times10^{-27}$kg이다. 양성자의 질량이 전자의 질량보다 약 1836배가 더 무겁다.

　원자의 중심을 이루는 원자핵은 상대적으로 전자보다 훨씬 무겁기 때문에 외부로부터 어떤 자극을 받으면 같은 자리에 머물러 있지만 가벼운 전자는 다른 곳으로 이동을 한다. 이와 같이 (-)전하를 갖는 전자의 이동으로 중성이던 물체가 전자를 잃으면 (+)전기를 띠게 되고 전자를 얻은 물체는 (-)전기를 띠게 된다.

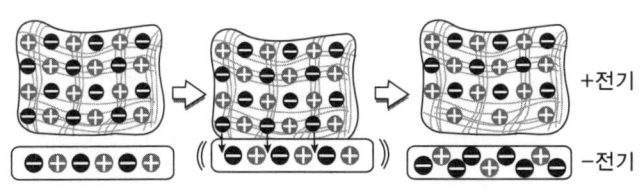

생활속 전기이야기

　서로 다른 종류의 물체를 마찰시켰을 때 각각의 물체가 띠게 되는 전기를 마찰 전기라 한다. 이러한 마찰 전기의 현상들은 우리의 생활 주변에서는 자주 일어난다. 빗으로 머리를 빗는 경우 머리카락이 빗에 달라붙는다. 화학 섬유로 만든 옷을 급히 벗는 경우 옷이 달라붙는다. 겨울철 차문이나 현관문을 만질 때 전기 불꽃이 튄다.

정답 ①

07. 대전열과 마찰전기

- 마찰 물질에 따른 전기의 종류 -

 서로 다른 종류의 물체를 마찰시키면 전자의 이동에 의해 물체가 대전된다. 그렇다면 털과 명주 헝겊으로 각각의 유리 막대를 문지르면 유리 막대가 띠는 전기의 종류는?

❶ 같은 전기를 띤다.
❷ 다른 전기를 띤다.
❸ 전기를 띠지 않는다.

생활속 전기이야기

　물체를 접촉하거나 문질렀을 때 한쪽 물체는 (+)전기를, 다른 쪽은 (-)전기를 띤다. 물체가 (+)나 (-)전기를 띠는 현상을 대전이라 하고 전기를 띤 물체를 대전체라 한다. 같은 물체라도 마찰하는 상대방의 물체에 따라 (+) 또는 (-)전기로 대전된다. 이와 같은 현상을 실험적으로 얻은 물체를 순서적으로 나열한 것을 대전열이라 한다.

　대전열의 순서에는 금속도 포함되고 사람 피부도 포함되어 있다. (+)로 대전되는 것은 전자 구속력이 작아서 전자를 내주는 경우이고 (-)전하로 대전되는 경우는 그 전자를 받는 경우이다. 이와 같이 다른 물체들이 서로 접촉하여 전자가 이동하기 때문에 대전되는 현상을 접촉에 의한 대전이라고 한다.

　물체가 마찰에 의해 (+) 또는 (-)전기를 띠는 것은 다음의 대전열에 따라 알 수 있다. 마찰할 때에 앞쪽에 있는 물질이 (+)전기를 띠고 뒤에 있는 물질이 (-)전기를 띤다.

(+)털-유리-명주-사람의 몸-솜-나무-구리-고무-셀룰로이드-에보나이트-합성수지 (-)

 유리 막대를 털에 마찰시키면 전자가 털에서 유리 막대로 옮겨간다. 이 때 전자를 잃은 털은 상대적으로 (+)전하의 수가 많아지기 때문에 (+)전기로 대전되고 전자를 얻은 유리 막대는 상대적으로 (-)전하의 수가 더 많아지기 때문에 (-)전기로 대전된다.

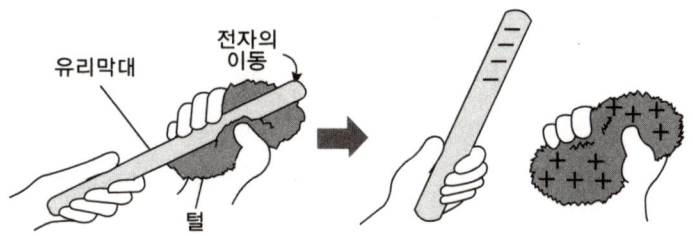

 유리 막대를 명주 헝겊에 마찰시키면 전자가 유리 막대에서 명주 헝겊으로 옮겨간다. 이 때 전자를 잃은 유리 막대는 상대적으로 (+)전하의 수가 많아지기 때문에 (+)전기로 대전되고 전자를 받은 명주 헝겊은 (-)전하의

생활속 전기이야기

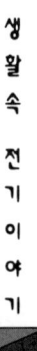

유리 막대
명주 헝겊
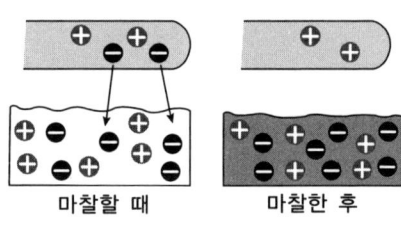
마찰할 때   마찰한 후

수가 더 많아져 (−)전기로 대전된다.

　같은 물체라도 마찰시키는 물체에 따라 전자를 잃고 받는 물질이 다르기 때문에 털에 마찰시킨 유리 막대는 (−)전기로 대전되고 명주에 마찰시킨 유리 막대는 (+)전기로 대전된다.

　사람이 털옷을 입으면 (−)로 대전되고 솜옷을 입으며 (+)로 대전이 된다. 또한 구리 막대를 털가죽으로 문지르면 구리를 (−)로 대전시킬 수 있다.

정답 ②

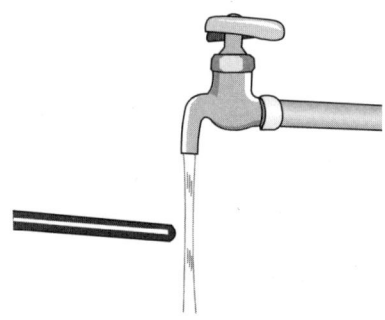

08. 물과 대전체

- 정전기 유도란 무엇인가? -

물은 전기적으로 중성이며 부도체이다. 수도꼭지에서 가늘게 흐르는 물줄기에 털이나 모피에 마찰시킨 플라스틱 막대나 유리 막대를 가까이 가져가면 대전체 근처에서의 물줄기의 흐름은 어떻게 될까?

❶ 막대 쪽으로 휘어져서 흐른다
❷ 막대 반대쪽으로 휘어져서 흐른다.
❸ 휘어짐이 없이 흐른다

도체에 대전체를 가까이 했을 때 도체에 전기가 생기는 현상을 정전기 유도라고 한다. 대전체에 가까운 곳에 대전체와 반대 부호의 전하가 생기고 먼 곳에는 같은 부호의 전하가 유도된다

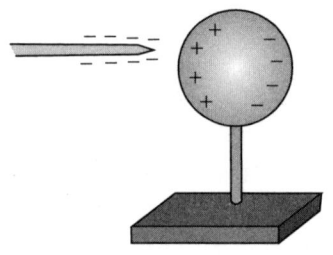

【정전기 유도】

금속은 도체이고 전기적으로 중성이다. 따라서 같은 수의 (+)전하와 (-)전하가 포함되어 있다. 금속에 (+)전하로 대전된 대전체를 가까이 가져가면 금속 내에 있는 자유 전자는 대전체의 (+)전하로부터 인력을 받는다. 따라서 자유 전자는 대전체 쪽으로 끌리기 때문에 대전체 가까운 쪽에는 (-)전하가 모이고 먼

쪽에는 전자를 빼앗겨서 (+)전하가 분포된다.

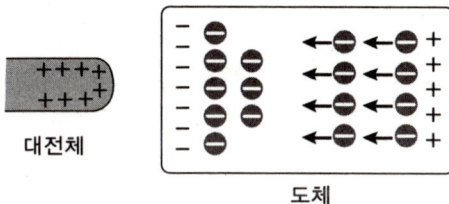

【도체와 정전기 유도】

반대로 금속에 (-)로 대전된 대전체를 가져가면 정전기 유도에 의해 대전체 가까운 금속 쪽에는 (+)전하인 양전하가 모이고 반대쪽에는 (-)전하인 전자가 분포된다. 이와 같이 대전체를 도체에 접촉시키지 않고 도체내의 전자를 이동시키는 것을 유도에 의한 대전이라고 한다.

물분자도 한 쪽은 (+)이고 다른 쪽이 (-)로 되어 있고 임의의 방향을 향하고 있는데 대전체를 가까이 하면 물분자가 재배열되어 전기력에 의해 끌려온다. 즉 물분자에 대전체를 가까이 하면 대전체에 가까운 부분의 물은 반

대 부호의 전하, 반대쪽 물은 같은 부로의 전하로 물분자가 재배열된다. 다른 종류의 전하들이 서로 가까이 있으므로 전기력에 의해 끌려오기 때문에 물이 대전체 쪽으로 휘어지는 것처럼 보인다.

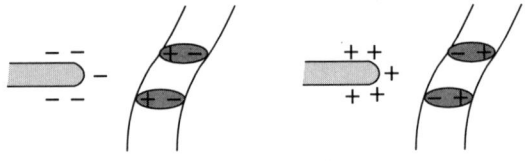

정답 ①

09. 정전기와 치마

- 왜 치마나 바지가 다리에 붙을까? -

건조한 겨울철에 자동차의 문을 열기위해 손잡이를 잡으면 찌릿한 전기 충격을 받을 때가 있다. 이것은 정전기 때문이다. 또한 여학생들은 겨울철에 치마에 정전기가 생겨 자꾸 달라붙는 것을 경험한 경우가 있어 불편함을 많이 겪었을 것이다. 이 경우 그 방지책으로 손이나 다리에 로션을 바르면 정전기를 방지할 수 있을까?

❶ 있다.
❷ 없다.

생활속 전기이야기

정전기는 물체가 서로 마찰할 때 생기는 일종의 마찰 전기이다. 사람이 움직일 때마다 입고 있는 겉옷과 속옷 또는 피부와 옷감이 서로 부딪쳐 생긴다. 물체가 서로 마찰하면 그 자극 때문에 전자가 한 물체에서 다른 물체로 이동한다. 전자를 얻은 물체는 (-)로, 전자를 잃은 물체는 (+)로 대전된다.

전자들이 이동함으로써 각각 (+)와 (-)로 대전된 물체는 서로 끌어당기는 힘을 작용한다. 전자가 더욱 많이 이동하면 두 물체 사이에 전기적인 힘은 커진다. 따라서 치마나 바지에 정전기가 생기면 다리에 자꾸 달라붙는다. 이와 같이 정전기는 피부와 옷감의 마찰로 인하여 생기므로 손이나 다리에 로션을 바르면 피부와 옷이 직접 마찰되는 것을 막아주기 때문에 정전기를 방지할 수 있다.

겨울철에 머리를 빗으로 빗고 나면 머리카락이 사방으로 솟구치는 경우가 있다. 이 현상은 머리카락과 빗의 마찰 때문에 머리카락이 같은 종류의 전하로 대전되어 서로 밀어내는 힘을 작용하는 것이다.

정답 ①

10. 정전기와 옷

- 어떤 옷을 입어야 정전기를 예방할 수 있을까? -

입었던 옷을 벗다 보면 탁탁 소리와 함께 여기저기서 불꽃이 일고 몸이 따끔거린다. 피부와 옷감의 마찰로 인하여 정전기가 생긴다. 그렇다면 정전기를 예방하기 위해서 어떤 천으로 만든 옷을 입어야 할까?

❶ 털이나 화학 섬유 만든 합성 섬유 옷
❷ 면이나 마로 만든 면직물의 옷

생활속 전기이야기

같은 천이라도 털이나 화학 섬유로 된 것은 정전기가 잘 일어나지만 면이나 마는 잘 일어나지 않는다. 인체가 스스로 정전기를 일으키지는 않기 때문에 정전기 발생의 주범 역할을 하는 것은 합성 섬유로 된 옷이다. 따라서 정전기를 예방하는 가장 좋은 방법은 면직물 옷만 입는 것이다.

전기는 원래 (+)에서 (−)쪽으로 '흘러가는 것'이라는 것쯤은 누구나 당연히 알고 있는 사실이다. 물체가 서로 부딪칠 때 생기는 마찰 전기도 대부분이 발생한 즉시 일반 전기처럼 어디론가 흘러가 버리기 때문에 별문제가 되지 않는다. 그러나 옷에서 생기는 마찰 전기만은 유독 흘러가지 않고 '고여 있는 것'이기에 일반 전기와 구별해서 정전기(static lectricity)라고 부른다.

옷에 생기는 정전기는 성질이 서로 다른 섬유의 옷이 서로 마찰하면서 어느 한 가지 옷에서 다른 옷으로 전자들이 이동해 생긴다. 옷은 전기가 통하지 않은 부도체이기 때문에 다른 물체와 마찰로 인해 전기가 생기면 빠져나갈

정전기와 옷

 곳이 없다. 옷에서 생겨 빠져 나갈 데가 없게 된 전기는 정전기 형태로 남아 있다가 옷에 계속 머물러 있지 않고 인체로 이동한다.
 인체의 표면은 입는 옷의 종류에 따라 (+)전기 또는 (−)전기로 대전된다. 사람이 면으로 만들어진 옷을 입으면 인체 표면은 (−)전기를 띠게 된다. 이 경우 지표면과 같이 (−)전기를 띠게 되기 때문에 정전기 쇼크의 피해를 받지

생활속 전기이야기

않는다.

　사람이 합성 섬유로 만들어진 옷을 입으면 인체의 표면은 (+)전기를 띠게 된다. 이 때 똑같은 정전기를 갖고 있는 사람과 악수한다면 아무런 일도 일어나지 않는다. 그러나 정전기가 없는 사람과 악수할 때는 순식간에 이 정전기가 상대방으로 흘러갔다가 땅을 흐르기 때문에 충격을 느끼게 된다.

　만약 합성 섬유로 된 옷이나 모직물로 된 것을 입었다면 매순간 지긋지긋한 정전기 충격을 각오해야 한다. 최악의 옷차림은 모직물 스웨터 바깥에 잔털 많은 합성 섬유 안감이 있는 외투까지 겹쳐 입는 경우이다.

정답　②

11. 정전기와 날씨

- 정전기는 어떤 날씨에 더 잘 생길까? -

우리가 빗으로 머리를 빗는 경우, 화학 섬유로 만든 옷을 급히 벗는 경우, 자동차 문을 열기 위해 열쇠를 꽂거나 동전을 다른 사람에게 줄때 흔히 "찌르르"하는 정전기 일어나는 소리를 들어보거나 직접 느껴본 적이 있을 것이다. 정전기 피해가 심한 경우 승용차를 타거나 상대방과 악수하는 것 등을 아예 기피하려는 사람들조차 있다. 정전기는 어떤 때 더 잘생길까?

❶ 건조한 날
❷ 습기가 많은 날

생활속 전기이야기

　부도체의 전자는 움직이지 못하게 구속되어 있다. 금속과 같은 자유 전자를 가지고 있지 않기 때문에 전하가 흐르기 어렵다. 기체는 일반적으로 좋은 부도체이며 대표적인 기체인 공기도 부도체이다. 따라서 공기를 통해 전기가 흐르지 않는다.

　순수한 물도 좋은 부도체이다. 그러나 대부분의 물에는 작은 전도율을 부여하는 불순물을 포함하고 있어 전기를 쉽게 흐르게 한다. 따라서 습기가 많은 날에는 대부분의 물체 표면에 얇은 물막이 생겨 물체의 절연 성질이 없어지기 때문에 전기가 흐르게 된다. 즉 물체가 방전 된다.

　공기가 습하면 몸에 대전된 전하가 공기 중으로 달아나기 쉽다. 그러나 공기가 건조하면 공기 중으로 방전이 사실상 차단되기 때문에 전하가 달아나지 않고 모여 있다가 특정한 조건이 되면 흐른다. 따라서 정전기는 습기가 많아 공기 중으로 빠져 나가기가 쉬운 여름철에는 잘 생기지 않고 습기가 거의 없는 건조한 겨울철에는 자주 생긴다.

정답 ①

12. 전하의 분리

- 전기를 분리할 수 있는가? -

 대전되지 않은 도체는 전기적으로 중성이다. 즉 양전하의 수와 전자의 수가 같다. 그렇다면 두개의 대전되지 않은 중성 도체 구 A, B가 있을 때 A구에는 (+)전하, B구에는 (−)전하를 분포 시킬 수 있는가?

❶ 있다.
❷ 없다.

생활속 전기이야기

두 개의 대전되지 않은 A, B구를 접촉시킨 후 대전된 막대를 한쪽 구에 가까이 가져오면 전자(자유전자)가 한쪽 구에서 다른 쪽 구로 이동한다. 만일 막대가 양으로 대전되어 있다면 그 막대는 음전하인 전자를 잡아당기므로 막대에 가까이 있는 구는 다른 쪽 구로부터 전자를 얻는다. 가까이 있는 구는 순수한 음전하를 띠고 멀리 있는 구는 같은 양의 순수한 양전하를 띤다(a). 막대를 치우기 전에 구를 분리해 놓으면 구는 같은 양의 반대 전하를 가지게 된다(b). 막대를 치우고 두 구를 멀리 분리하면 구들은 같은 양의 반대 전하가 구 전체에 균일하게 분포된다.(c)

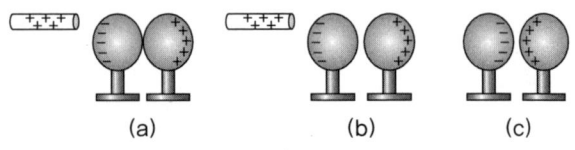

(a)　　　　(b)　　　　(c)

음전하로 대전된 막대를 사용해도 비슷한 결과를 얻을 수 있다. 이 경우에는 가까이 있는 구로부터 먼 쪽에 있는 구로 전자가 이동한다.

정답 ①

13. 번개

- 번개는 어떻게 생기는 걸까? -

번개는 구름과 반대 부호로 대전된 땅 또는 서로 다르게 대전된 구름들 사이의 방전 현상이다. 번개가 일어나는 원인은 무엇일까?

❶ 접촉에 의한 대전
❷ 유도에 의한 대전

생활속 전기이야기

　천둥과 번개의 발생 원인이 되는 가장 보편적인 것은 뇌운이다. 뇌운의 특징은 구름층의 높이가 매우 높다는 것이다. 초기의 구름은 아래 부분이 지상에서 약 1000~2000m 높이에 있으며 윗부분은 약 8000m 상공까지 뻗혀있다. 이러한 구름의 구성은 구름 중의 공기가 점점 상승해가는 상태에 있기 때문에 수직 방향으로 길게 늘어선 모양을 이룬다.

　뇌운은 상층부에 (+)전하, 아래 부분에는 (-)전하가 분포 해 있는 경우가 많다. 활발한 상승 기류에 의해 물방울들이 상승한다. 상승한 물방울들이 서로 결합하여 큰 입자로 된다. 하늘로 올라감에 따라 온도가 낮아지기 때문에 물방울들이 냉각되어 얼음 입자로 변한다. 작은 얼음 입자는 위로 날아가지만 큰 얼음 입자는 무게가 무거워 아래로 떨어진다. 이들이 떨어지면서 마찰이나 충돌 등의 복잡한 운동에 의해 구름은(+)전하를 가진 부분과 (-)전하를 가진 부분으로 대전된다. 이때 대량의 전하가 만들어지므로 구름들끼리의 방전이나 낙뢰가 발생한다. 이들 중 일부는 녹아서 강한 비를 내리기도 한다.

뇌운의 위 부분은 (+)전하를 띤 얼음 결정들로 이루어져 있고 아래 부분은 (-)전하를 띤 물방울로 이루어져 있다. 뇌운 속에서 전하 축적에 따라 그 바로 아래 지표면에는 구름의 전하와 반대 극성의 전하가 유도된다. 그러므로 지표면에는 구름의 하단부에 있는 (-)전하에 의해 (+)전하가 유도되어 생긴다. 따라서 구름과 지표면 사이의 생긴 전압 차이

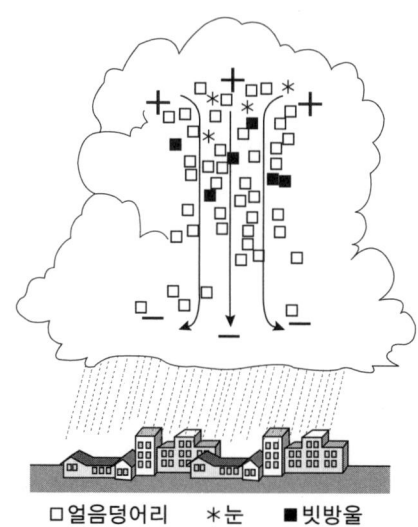

생활속 전기이야기

때문에 공기 분자의 절연 파괴가 일어나 불꽃 방전이 발생한다. 이른 바 번개가 일어난다.

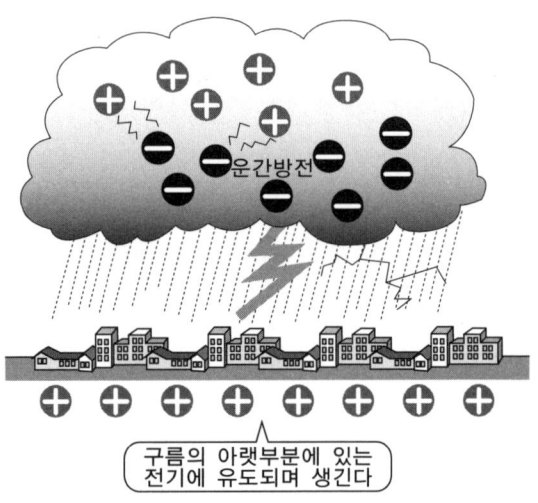

구름의 아랫부분에 있는 전기에 유도되며 생긴다

정답 ②

14. 번개 피하기

- 어디로 피해야 안전할까? -

 휴일에 가족과 함께 자동차를 타고 야외로 나가 산책을 하고 있는데 갑자기 번개가 번쩍하고 천둥소리까지 동반한 소나기가 내리기 시작했다. 그래서 무시무시한 번개를 피하기 위해 자동차 안으로 들어가는 것이 안전할까? 아니면 큰 나무 밑이 안전할까?

❶ 자동차 안
❷ 큰 나무 밑

생활속 전기이야기

번개가 치는 것은 구름과 땅 사이의 큰 전압이 걸려서 그 사이로 전하가 이동하는 것이다. 번개는 수 만 볼트(V)의 큰 전압 때문에 공기가 전리되어 전하로 이동하는 현상이다. 번개의 에너지는 엄청나서 큰 나무나 집들을 순식간부서지고 태워 버리기도 한다. 따라서 차를 몰고 달리고 있을 때 번개가 번쩍하고 치면 불안한 느낌이 들 것이다. 자동차란 쇳덩어리로 되어 있으니까 벼락이라도 떨어진다면 큰일이라는 생각이 들기 때문이다.

만약 자동차가 번개를 맞으면 자동차에는 전자들이 쏟아져 들어온다. 자동차에 전하가 쏟아져 들어오면 전자들끼리는 서로 같은 (−)전하를 가지고 있어 척력이 작용하기 때문에 차의 표면 전체에 전자들이 퍼지게 된다.

전하끼리 작용하는 전기력은 공간적으로 떨어져 있어도 작용하는 힘이다. 따라서 (−)전하로 대전된 상태에서 전하는 서로 밀치는 반발력이 작용하기 때문에 가급적 이웃 전하로부터 멀리 떨어지도록 배열한다. 이런 반발력을 받으면 (−)전하끼리 가능한 멀리 떨어져 있으려고 하기 때문에 차의 내부가 아닌 표면에 균일하게 배열되는 것이다.

(-)전하들이 균일하게 자동차의 표면에 배치되면 표면의 음전하에 의해 자동차 안의 임의의 점에 미치는 전기장은 대칭이 되어 어떤 전기력도 받지 않는 상태, 즉 전기장이 0이 된다. 그러므로 표면이 금속으로 된 자동차에 벼락이 떨어져 전자가 쏟아져 들어와도 자동차 내부는 안전한 장소가 된다. 따라서 번개가 치면 나무 아래 보다는 자동차의 안으로 피해야 한다.

정답 ①

■ 절연 파괴

　기체는 일반적으로 좋은 부도체이다. 이와 같은 절연체(부도체)에 매우 큰 전압이 걸려 절연체의 원자나 분자에 구속되어 있던 구속 전자들이 튀어 나와서 자유 전자들이 되면서 절연체의 절연성이 없어지고 도체로 되는 현상을 절연 파괴라고 한다. 예를 들어 공기는 간격 1mm 당 3kV의 전압이 걸리면 도체가 되면서 전기가 통하게 된다. 또한 절연체인 유리는 14kV, 종이는 16kV의 전압이 걸리면 도체가 된다.

　대표적인 기체인 공기는 절연체이나 부호가 다르고 매우 큰 두 전하를 공기 중에서 서로 가까이 가져오면 공기 분자들에서 전자들이 빠져나와 두 전하 사이의 통로는 임시적으로 전도성을 띠게 된다. 또한 전자들은 음극으로 대전된 물체에서 양으로 대전된 물체로 이동하여 불꽃이 일어나는데 대기 중에서 대규모로 일어나는 이와 같은 과정이 바로 번개이다.

15. 피뢰침

- 피뢰침의 용도는? -

 번개는 자연 재해 중의 하나로 피뢰침을 만들어 직접적인 피해를 많이 줄일 수 있다. 그렇다면 누군가가 "피뢰침은 번개를 피하기 위하여 설치하는 것"이라고 말을 한다면 정확한 표현인가?

❶ 맞다.
❷ 아니다.

생활속 전기이야기

　무서운 자연 재해를 말하라면 홍수, 지진, 번개(벼락) 등이 있을 것이다. 이 중에서 번개는 피뢰침을 만들어 접적인 피해를 많이 줄이고 있다. 피뢰침은 지면에 연결되어 있어 번개가 피뢰침에 떨어지면 전류는 안전하게 지면으로 흘러 주변에 피해를 주지 않는다. 번개를 피뢰침으로 끌어당겨 낙뢰시키는 것도 접지를 이용한 것이다.
　전기는 가능한 한 가까운 길을 지나가고 또

한 뾰족한 부분을 지나가려고하는 성질이 있기 때문에 번개는 높거나 끝이 뾰족한 물체에 잘 떨어진다. 따라서 피뢰침은 건물 꼭대기에 설치되어 있는 뾰족한 금속 도체로 습기가 있는 땅 속에 묻혀 있는 금속판과 굵은 도선으로 연결되어 있다.

(+)전하를 띤 구름이 건물 위를 지나가면 정전기 유도에의하여 전자들이 땅으로부터 피뢰침으로 올라오게 된다. 이 전자들이 뾰족한 끝에서 구름으로 빠져나가서 조용히 구름의 전하를 중성화시켜 주므로 피뢰침은 벼락에 의한 피해를 막아준다. 즉 구름에서 피뢰침을 통하여 땅으로 전류가 흐르게 된다.

피뢰침은 번개를 피하기 위한 것이 아니라 오히려 피뢰침에 가능한 한 전기를 빨리 떨어뜨려서 큰 피해를 받지 않도록 하려는 것이다. 이것은 전기는 가능한 한 가까운 길을 지나가고 뾰족한 선단 등으로 지나가려고 하는 성질이 있기 때문이다. 그 때문에 피뢰침의 앞쪽 끝부분이 화살처럼 뾰족하게 하고 높은 곳에 세우는 것이다.

생활속 전기이야기

또한 앞쪽 끝이 3개로 나뉘어져 있는 것은 그 만큼 번개가 떨어지기 쉽게 하기 위해 있는 것이다. 따라서 번개가 치면 즉시 몸을 가능한 한 낮게 웅크리고, 피뢰침이 있는 건물 안으로 피해야 한다.

번개가 칠 때 평지에서 우산을 쓰고 가는 것은 매우 위험한 일이다. 그것은 마치 피뢰침에서 전선이 달린 금속 막대와 같아서 번개를 불러들이는 결과를 가져온다.

천둥이나 번개의 빛은 방전에 의한 것이다. 여기서 방전이란 기체 등의 절연물 속을 전류가 흐르는 것을 말한다. 벼락이 떨어지면 나무가 부서지고 찢겨지는 것은 전류의 발열 작용에 의해 수분이 갑자기 기체가 되어 팽창하기 때문이다.

정답 ②

16. 번개와 천둥소리

- 번개와 천둥소리의 속력은? -

 번개가 칠 때 빛인 번개보다 더 공포감을 주는 것은 천둥소리일 수도 있다. 번개가 치고 천둥소리가 날 때 번개와 천둥 소리 중 어느 것이 더 빠른가?

❶ 번개
❷ 천둥소리
❸ 빠르기는 같다.

생활속 전기이야기

번개가 칠 때 같이 생기는 천둥은 번개에서 나온 엄청난 열이 급격하게 공기를 가열하여 팽창시키거나 수축시키기 때문에 나는 소리이다.

번개는 빛이므로 그 속도는 30만km/s(1초에 30만km을 진행한다)이고 천둥은 소리이므로 그 속도는 340m/s(1초에 340m을 진행한다)정도이다. 빛이 소리보다 약 88만 배 빠르다. 따라서 우리는 번갯불을 본 다음 천둥소리를 듣게 되는 것이다.

번갯불과 천둥소리 사이의 시간 간격이 짧을수록 번개는 가까운 곳에서 치는 것이므로 조심해야 한다. 번개와 천둥이 발생하면 번개는 빛이 속도(1초에 지구를 7바퀴 반을 돈다)로 전파되기 때문에 번개가 발생하면 사람들은 번갯불을 동시에 보게된다. 그러나 천둥은 소리의 속도로 전파되기 때문에 거리에 따라 천둥소리가 들리는 시간이 따르다. 예를 들어 번개가 치고 나서 약 10초 후에 천둥소리를 들었다면 3,400m 떨어진 곳에 번개가 쳤다는 것이다.

정답 ①

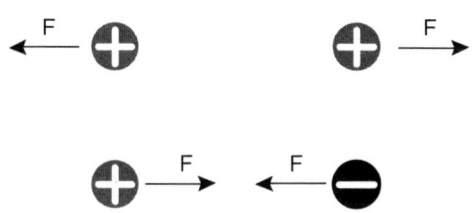

17. 쿨롱의 법칙

- 전기력의 크기와 거리 -

 대전된 물체, 즉 전기를 띤 물체는 서로 힘을 작용한다. 그렇다면 대전된 두 물체 사이의 거리를 2배로 늘리면 각 물체에 작용하는 힘의 크기는 어떻게 변하겠는가?

❶ 2배로 커진다.
❷ 1/2로 줄어든다.
❸ 4배로 커진다.
❹ 1/4로 줄어든다.

다른 종류의 전하로 대전된 물체끼리는 잡아당기는 힘이 작용하고 같은 종류의 전하로 대전된 물체끼리는 반발하는 힘이 작용한다. 이러한 종류의 힘을 전기력이라 하고 전기력의 크기는 쿨롱(Coulomb)의 법칙으로 구한다.

쿨롱의 법칙은 전기력의 크기를 구하는 법칙이다. 전기량의 크기가 q_1, q_2인 두 대전체가 거리 r만큼 떨어져 있을 때 대전체 사이에 작용하는 전기력의 크기는 전기량의 곱에 비례하고 거리의 제곱에 반비례한다. 즉

$$F = K \frac{q_1 \cdot q_2}{r^2}$$

이다. 전기력의 크기는 두 전하 사이의 거리 제곱에 반비례하기 때문에 두 전하 사이의 거리를 2배로 늘리면 각 물체에 작용하는 힘의 크기로

$$F \propto \frac{1}{r^2} = \frac{1}{(2)^2} = \frac{1}{4}$$

줄어든다.

정답 ④

18. 전기력의 범위

- 전기장이란 무엇인가? -

 전하들 사이에는 전기력이 작용한다. 그러나 전기력이 무한대 범위까지 작용하지 않는다. 전기력이 작용하는 영역 또는 공간을 무엇이라고 하는가?

❶ 중력장
❷ 전기장
❸ 자기장

　대전체 주위의 공간에 전하를 놓으면 이 전하는 대전체로부터 힘을 받는다. 즉 전하가 다른 전하 근처에 있게 되면 전기력을 받는다. 전기력은 전하가 서로 접촉하지 않고도 작용한다. 이와 같이 전기력이 작용하는 공간을 전기장(electric field)이라고 한다.

　전하 q_1의 주위 공간에 전하 q_2를 놓으면 서로에게 힘(전기력)을 작용한다. 전기력도 중력과 마찬가지로 서로 접촉하지 않고도 작용하기 때문에 힘을 작용하기 위해서 힘을 작용할 수 있게 하는 어떤 것이 존재하여야 한다. 전하 q_1은 자체의 주위 공간에 전기장을 만든다. 이 전기장은 전하 q_2에 힘 F를 작용한다. 장이라는 것은 전하 간에 힘을 전달하는 매개체의 역할을 하게 되는 것이다.

정답 ②

전하 ⇄ 장 ⇄ 전하

　즉 장은 전하 사이에 작용하는 힘의 중매 역할을 한다.

19. 전하 모으기

- 전하를 저장하는 장치는? -

 전류가 흐른다는 것은 전하가 이동하는 것이다. 전하를 모아두는 장치를 무엇이라 하는가?

❶ 축전기
❷ 축전지

생활 속 전기이야기

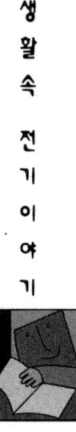

전하를 모으는 장치를 무엇이냐고 물으면 축전지(battery)라고 대답하기 쉽지만 축전기(capacitor 또는 condenser)가 정답이다. 축전기는 전하를 정전기의 상태로 모은 후 다시 전하를 방출하는 장치이다.

절연된 두 금속판에 건전지와 같은 전원을 연결하면 (+)극에 연결된 판에 (+)전하가 (-)극에 연결된 판에 (-)전하가 저장된다. 이것이 축전기의 원리이다.

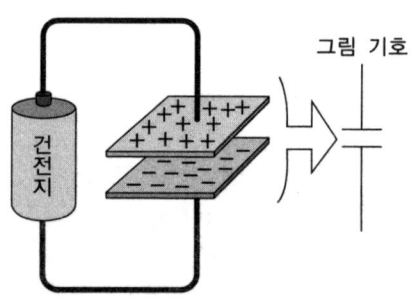

【평행판 축전기와 그림 기호】

전하 모으기

축전기를 구성하는 두 개의 도체 판은 서로 분리되어 있기 전류를 통과시키지 않기 때문에 전류를 통과시키는 저항과는 다르다. 또한 축전기는 충전되어야만 하므로 충전 없이 전류를 만드는 발전기와 같지 않다. 그리고 축전기는 서로 다른 많은 전압 값을 갖도록 충전될 수 있기 때문에 하나의 전압만을 갖고 화학적 에너지를 전기 에너지로 바꾸어 쓰는 배터리와도 다르다.

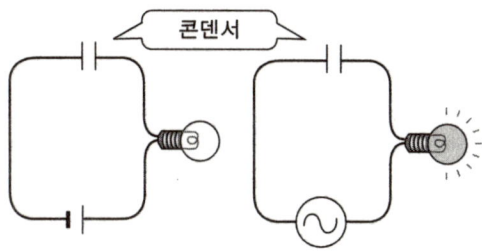

축전기는 직류는 통하지 않으나 교류는 축전기가 충전과 방전을 반복하기 때문에 전류가 흘러 전구가 켜진다.

정답 ①

 알아두기

■ 축전기의 용도

축전기에 전기를 모으는 것을 충전이라 하고 모은 전하를 도선 등을 통해서 방출하는 것을 방전이라 한다. 축전기는 전기회로 안에서 일단 전류의 흐름을 막아 다른 회로 등에 필요한 전류를 나누어 주기도 하고 교류만 통과시키고 직류 전류를 멈추게 할 때도 있다. 또한 특정한 주파수의 전기 신호만 통과시키는 특징 때문에 필터로 쓰이기도 한다.

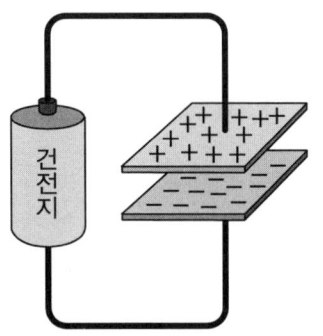

20. 축전기의 전하

- 어떤 전하가 움직이는 걸까? -

전하를 모아두는 장치를 축전기라고 한다. (+)극에 연결된 극판에 (+)전하가 모이고 (−)극에 연결된 극판에 (−)전하가 저장이 된다. 그렇다면 (+)전하와 (−)전하 중 어떤 전하가 이동하여 판에 전하가 저장이 되는가?

❶ (+)전하
❷ (−)전하

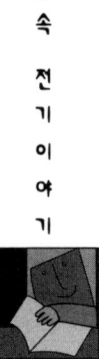

생활속 전기이야기

대전되지 않은 금속판은 같은 수의 (+)전하와 (−)전하를 갖고 있다.

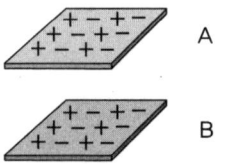

두 금속판 A와 B를 평행하게 놓고 전압이 걸어주면(건전지와 같은 전원을 연결하면) 전원의 (+)극에 연결된 금속판 A에 (+)전하가 (−)극에 연결된 금속판 B에 (−)전하가 저장된다.

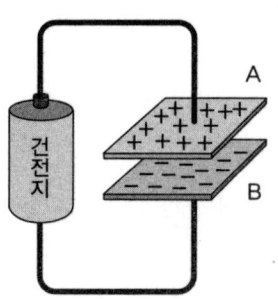

중성인 두 금속판 A와 B가 각각 (+), (-)로 대전되기 위해서는 전하의 이동이 있어야 한다. 두 금속판 사이에는 유전체(공기, 유리, 종이 등등)가 있으므로 금속판 A와 B사이에는 전하가 통과할 수 없다. 따라서 전하는 전선을 통해서만 이동할 수 있다.

두 금속판을 전원을 연결하면 (+)극에 연결된 금속판 안의 자유 전자는 전지의 작용으로 (-)극에 연결된 금속판으로 이동한다.

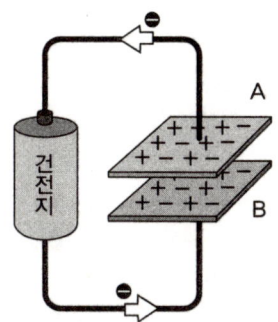

금속판 A에는 전자가 전지의 (+)쪽으로 이동했기 때문에 (+)전하가 모여 있고 금속판 B에는 전자가 전지의 (-)에서 이동해왔기 때문에 (-)전하가 모여 있다. 다시 말하면 금속

생활 속 전기 이야기

판 A는 전자를 잃고 금속판 B는 전자를 얻는다. 따라서 금속판 A는 금속판 B에 대해 양전하를 띠게 된다. 전자의 이동은 축전지에 형성된 전압이 전원의 전압과 같아질 때 멈추게 된다. 이와 같이 전하를 축적하는 소자를 콘덴서라 한다.

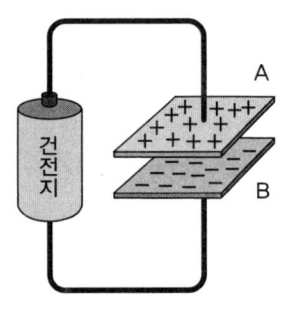

 축전기가 전원과 분리되면 축전기는 전하를 저장하고 전압이 유지된다.

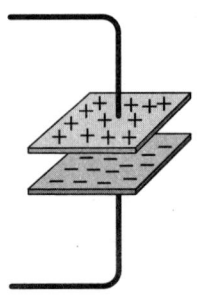

정답 ②

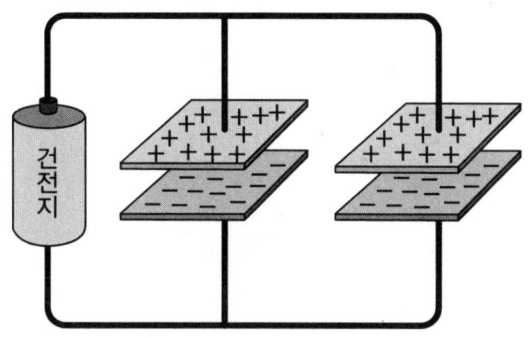

21. 축전기와 전압 - I

- 병렬연결할 때 걸리는 전압은? -

두개 이상의 축전기를 전원에 연결하는 방법은 병렬연결과 직렬연결이 있다. 만약 축전기 두개를 전원에 병렬로 연결했다면 한개만 연결했을 때보다 걸리는 전압의 크기는?

❶ 한 개의 축전기에 걸리는 전압보다 작다.
❷ 한 개의 축전기에 걸리는 전압보다 크다.
❸ 한 개의 축전기에 걸리는 전압과 같다.

생활속 전기이야기

축전기는 전하를 모아둘 수 있는 장치로 보통 사용하는 축전기는 평행판 축전기로 절연매질에 의해 분리된 두 개의 커다란 평행한 도체 판으로 구성되어 있다.

병렬연결에서는 두 개의 회로 소자가 나란히 연결되어 두 개의 단자를 공유한다. 두 축전기의 위 판들은 도선으로 연결되어 있으므로 점 a와 같은 전위 V_a를 갖는다. 아래 판들도 마찬가지로 점 b와 같은 전위 V_b를 갖는다. 점 a와 b사이의 전위차는 $V_a - V_b$이고 이 값은 각 축전지에 전위차를 만드는 건전지의 전위차 V와 같다. 그러므로 축전기를 병렬연결하면 각 축전기에 걸리는 전압은 전체 전압과 같다. 즉 각각의 축전기에는 같은 전압이 걸린다.

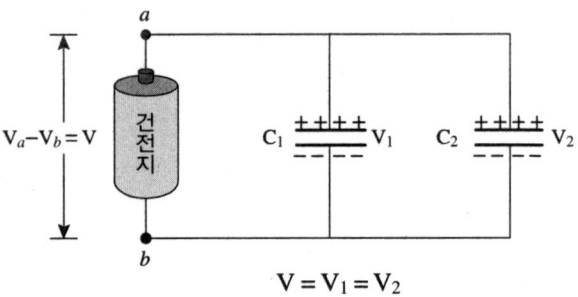

정답 ③

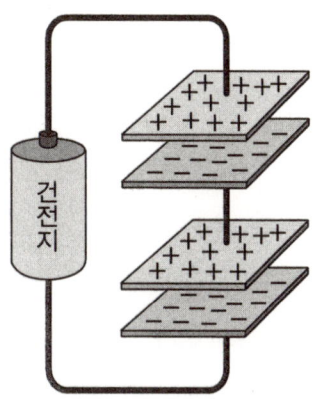

22. 전기와 전압 - II

- 직렬연결할 때 걸리는 전압은? -

두개 이상의 축전기를 전원에 연결하는 방법은 병렬연결과 직렬연결이 있다. 만약 축전기 두개를 전원에 직렬로 연결했다면 한개만 연결했을 때보다 걸리는 전압의 크기는?

❶ 한 개의 축전기에 걸리는 전압보다 작다.
❷ 한 개의 축전기에 걸리는 전압보다 크다.
❸ 한 개의 축전기에 걸리는 전압과 같다.

생활속 전기이야기

　직렬 연결에서는 두개의 회로 소자가 차례로 연결되므로 하나의 단자를 공유한다. 점 a와 b를 건전지 양단에 연결하면 a와 b사이의 전위차는 $V_a - V_b$이다. 이 전위차는 건전지의 전압 V와 같다.

　점 a와 b와 연결되어 있는 점 c와 e의 전위차도 V이어야 한다. 축전기를 직렬로 연결하면 축전기에 걸리는 전체 전압은 각각의 축전기에 걸린 전압을 더한 것과 같다.

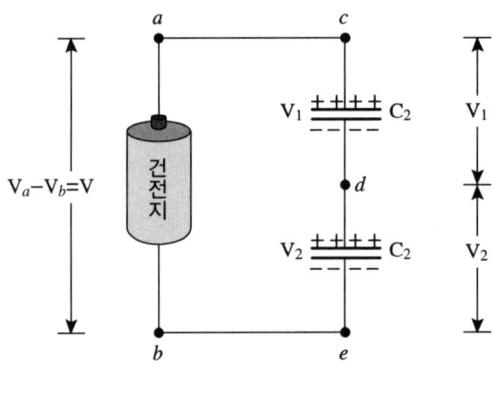

$$V = V_1 + V_2$$

정답 ①

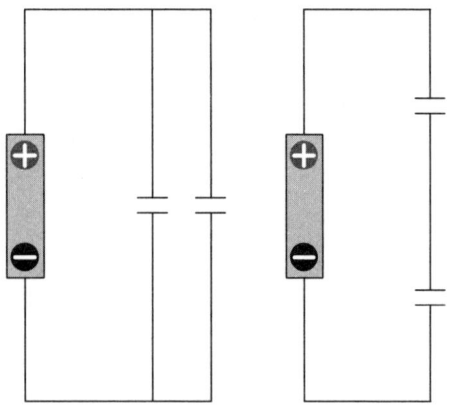

23. 축전기와 전압 - III
- 안전한 축전기는? -

최대전압 60V까지 견딜 수 있는 축전기 두개가 있다. 이 축전기 두개를 100V 전원에 연결하여 쓰려고 한다. 만약 각각의 축전기를 직접 전원에 연결하면 축전기는 파괴된다. 따라서 축전기 두개를 어떤 방법으로 연결하여야 파괴되지 않고 사용할 수 있는가?

❶ 병렬연결
❷ 직렬연결

생활속 전기이야기

　모든 축전기는 도체판 사이에 걸리는 전압을 견딜 수 있는 한계 전압이 있다. 이 전압을 정격 전압이라고 하다. 축전기의 정격 전압은 그 축전기가 사용될 회로에서 예상되는 최대 전압보다 항상 커야 한다. 정격 전압은 소자에 손상을 주지 않고 가할 수 있는 최대 직류 전압이다. 축전기에 가해지는 전압이 정격 전압을 넘어서면 축전기는 손상을 받아 못쓰게 된다. 따라서 축전기를 회로에서 실제로 사용하기 전에 축전기의 정격 전압을 고려해야 한다.
　축전기를 병렬로 연결하여 전원에 연결하면 각 축전기에 걸리는 전압은 전원의 전압과 같다. 그러므로 각 축전기에는 100V의 전압이 걸리므로 축전지는 파괴된다.
　축전기를 직렬로 연결하여 전원에 연결하면 전체 전압은 각 축전기에 걸리는 전압을 더한 것과 같다. 그러므로 각 축전기에는 50V의 전압이 걸리므로 축전지는 파괴되지 않는다.

정답 ②

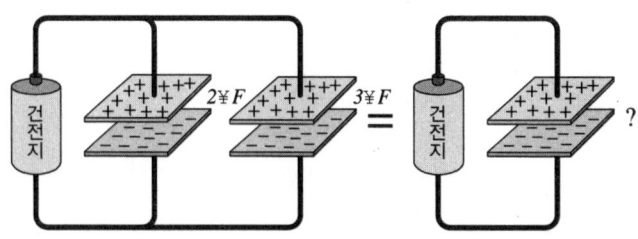

24. 축전기의 병렬연결

- 전기 용량은 커진다. -

전기 용량이 2μF인 축전기와 3μF인 축전기를 병렬로 연결하면 전체 전기 용량은 얼마이겠는가?

❶ 1.2μF
❷ 2.5μF
❸ 5.0μF
❹ 6.0μF

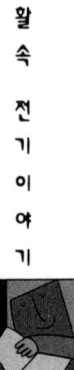

축전기가 전하를 축적하는 능력을 전기용량(capacitance)이라 한다. 전기용량이 크다는 것은 전하를 축적하는 능력이 크다는 것이다. 전기용량의 단위로는 패럿(F)을 사용한다.

두 개의 축전기를 병렬로 연결하였을 때 각 축전기의 전기 용량을 C_1, C_2라 하고 이 때 각각의 축전기에 대전된 전하를 Q_1, Q_2라 하자.

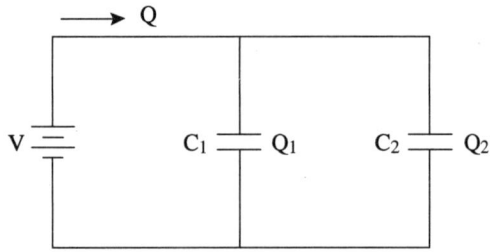

축전기를 병렬 연결하면 각 축전기에 걸리는 전압은 전체 전압과 같다(전압 일정). 따라서 각 축전기의 전하는 $Q = CV$에 의해

$$Q_1 = C_1V_1 = C_1V$$

이고

축전기의 병렬연결

$$Q_2 = C_2V_2 = C_2V$$

이다. 그러므로 대전된 총 전하는

$$Q = Q_1 + Q_2 = C_1V + C_2V = (C_1+C_2)V$$

이다. 전기 회로에서 여러 개의 축전기가 연결되어 있을 때 걸어준 전압에 대해 여러 개의 축전기에 대전된 것과 똑같은 크기의 전하를 대전시킬 수 있는 단일 축전기의 전기 용량을 등가 전기 용량이라고 한다.

두 축전기가 병렬로 연결되었을 때 등가 전기 용량은 대전된 총 전하를 전위차로 나눈 값이다.

$$C_{eq} = \frac{Q}{V} = C_1 + C_2$$

따라서 두 축전기를 병렬로 연결하였을 때 등가 전기 용량은 각 축전기의 전기 용량을 더한 것과 같다. 즉 축전기의 전기 용량은 증가한다. 또한 세 개 또는 더 많은 축전기를 병

정답 ②

생활속 전기이야기

렬 연결하였을 때에도 똑같은 방법으로 등가 전기 용량을 구할 수 있다. 즉,

$$C_{eq} = C_1 + C_2 + C_3 + \cdots$$

이다. 따라서 $2\mu F$와 3μ인 축전기를 병렬연결하여 사용하면 $5\mu F$ 하나의 축전기를 사용한 것과 같다.

$$C_{eq} = 2\mu F + 3\mu F = 5\mu F$$

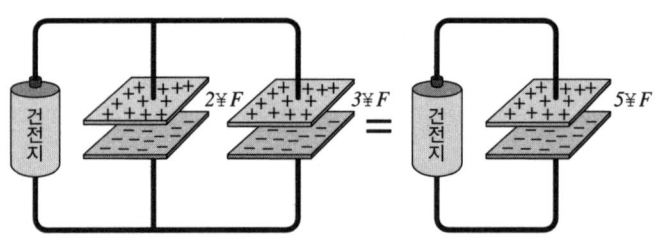

정답 ④

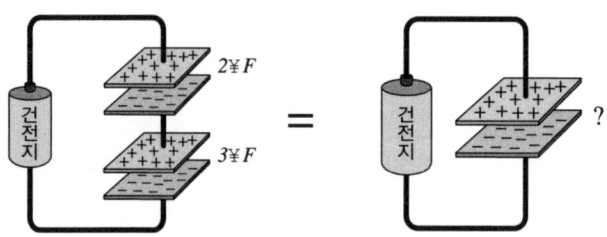

25. 축전기의 직렬연결

- 전기용량은 작아진다. -

 축전기의 직렬연결 전기 용량이 $2\mu F$인 축전기와 $3\mu F$인 축전기를 직렬로 연결하면 전체 전기 용량은 얼마이겠는가?

❶ $1.2\ \mu F$
❷ $2.5\ \mu F$
❸ $5.0\ \mu F$
❹ $6.0\ \mu F$

두 개의 축전기를 직렬 연결하였을 때 각 축전기의 전기 용량을 C_1, C_2라고 하고 전압을 V_1, V_2라 하자.

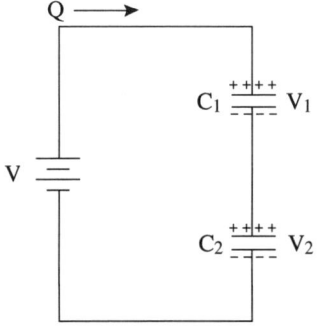

첫 번째 축전기의 위쪽 판에 +Q전하가 대전되면 이 전하에 의해 아래쪽 판에 +Q의 전하가 유도된다. 이 음전하는 두 번째 축전기의 위쪽 판으로부터 이동되어 온 전자들이다. 따라서 두 번째 축전기의 위판은 +Q의 전하가 생기고 아래 판에는 −Q의 전하가 대전된다(전하 일정). 따라서 첫 번째 축전기의 전위차는

축전기의 직렬연결

$$V_1 = \frac{Q}{C_1}$$

이고 두 번째 축전기의 전위차는

$$V_2 = \frac{Q}{C_2}$$

이다. 직렬로 축전기를 연결되었을 때 전체 전압은 각 축 전기의 전압을 더한 것이다. 따라서

$$V = V_1 + V_2 = \frac{Q}{C_1} + \frac{Q}{C_2} = Q\left(\frac{1}{C_1} + \frac{1}{C_2}\right)$$

가 된다. 따라서 등가 전기용량은

$$C_{eq} = \frac{Q}{V} = \frac{1}{\left(\dfrac{1}{C_1} + \dfrac{1}{C_2}\right)}$$

즉

$$\frac{1}{C_{eq}} = \frac{1}{C_1} + \frac{1}{C_2}$$

이다. 세 개 이상의 축전기를 연결했을 때는

생활속 전기이야기

$$\frac{1}{C_{eq}} = \frac{1}{C_1} + \frac{1}{C_2} + \frac{1}{C_3} + \cdots$$

이다. 직렬로 축전기를 연결하면 등가 전기용량 C_{eq}는 감소함을 주의하라.

$2\mu F$와 3μ인 축전기를 직렬연결하여 사용하면 $1.2\mu F$의 축전기 하나만을 사용한 것과 같다.

$$\frac{1}{C_{eq}} = \frac{1}{2\mu F} + \frac{1}{3\mu F} = \frac{5}{6\mu F}$$

$$C_{eq} = 1.2\mu F$$

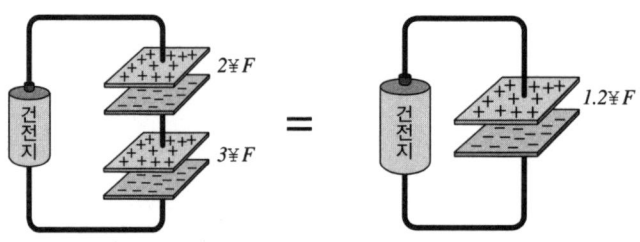

정답 ①

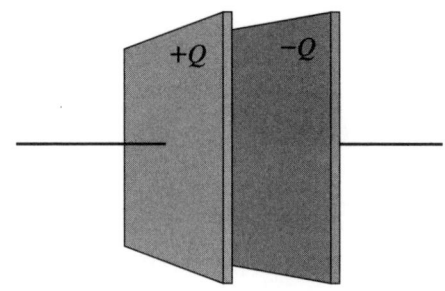

26. 축전기와 유전체

- 축전기에 유전체를 넣으면? -

전기장이 E이고 판 사이의 거리가 d인 평행판 축전기의 전압은 V=Ed이다. 이 평행판 축전기 사이에 유전체(전기의 절연물로 쓰이는 물질)를 판과 접촉하지 않도록 넣는다. 다음 중 옳은 것은?

❶ 축전기 내의 전기장이 증가한다.
❷ 판 사이의 전압이 증가한다.
❸ 축전기의 전기 용량이 증가한다.
❹ 판에 대전된 전하량이 증가한다.

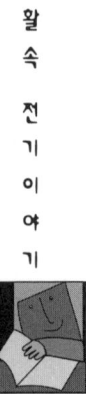

유전체(dielectric)는 유리, 종이, 나무와 같은 비전도성 물질(절연체, 부도체)이다. 유전체는 (−)전하인 전자가 (+)전하인 핵을 중심으로 대칭적으로 배치하고 있는 비극성 유전체와 (−)전하와 (+)전하의 중심이 불일치하는 극성 유전체가 있다.

전기장이 E_0인 축전기 사이에 유전 상수가 K인 유전체를 넣으면 전기장은 유전 상수의

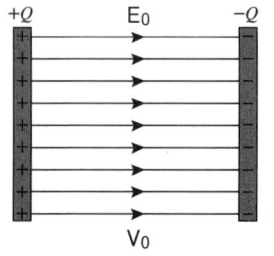

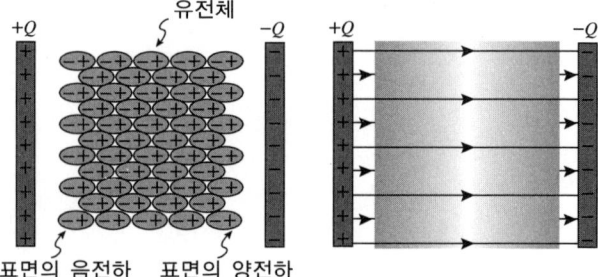

크기 만큼 작아진다.

$$E = \frac{E_0}{K} \ (\text{K : 유전 상수})$$

전기장이 E_0이고 판 사이의 거리가 d인 축전기 사이에 전압은 $V_0 = E_0 d$이다. 유전 상수가 K인 유전체를 넣으면 축전기 사이의 전압 V는

$$V = Ed = \frac{E_0 d}{K} = \frac{V_0}{K}$$

이다. 전압도 유전 상수의 크기 만큼 작아진다. 전압이 V_0인 축전기의 전기 용량은 $C_0 = V_0$이다. 유전 상수가 K인 유전체를 넣으면 축전기의 전기용량 C는

$$C = \frac{Q}{V} = \frac{Q}{V_0/K} = K\frac{Q}{V_0} = KC_0$$

정 답 ③

이다. 전기 용량은 유전 상수의 크기 만큼 증가한다.

　유전체는 축전기의 전기 용량을 증가시키고 두 도체를 최대한 가까이 오게 할 수 있는 역학적 기능을 한다. 또한 유전 강도를 더욱 증가시키는 작용을 한다(유전체의 유전강도 〉 공기의 유전강도). 유전 강도란 전체가 강한 외부 전기장 속에 놓이게 될 때 각 원자나 분자에 구속되어 있던 전자들이 튀어 나와서 자유 전자들이 되면서 유전체의 절연성이 없어지고 전도체로 될 때 가해지는 임계 전압이다.

정답 ③

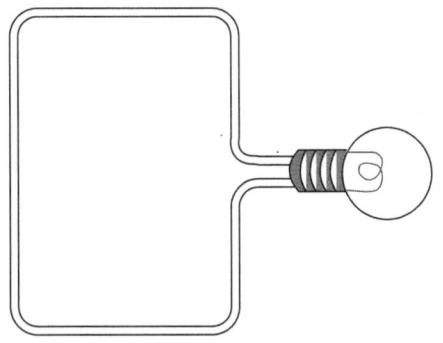

27. 자유 전자의 운동 - I
- 전구에 불이 들어올까? -

 전기 제품을 사용하기 위해서는 전류가 흘러야 한다. 그러면 다음과 같은 회로에 전구를 연결하면 전구에 불이 들어오겠는가?

❶ 들어온다.
❷ 안 들어온다.

생활 속 전기 이야기

전구에 불이 들어오게 하기 위해서는 도선을 통해 전류가 흘러야 한다. 도선에 전류가 흐른다는 것은 도선을 통해 무엇인가가 이동해야 한다. 도선을 이루는 원자의 최외각 전자들은 원자핵에 끌리는 힘이 약하게 받는다. 따라서 외부의 여러 가지 영향(열, 빛, 전지적인 영향)을 받으면 쉽게 그 궤도 벗어나 원자 밖으로 튀어나가서 원자와 원자 사이를 자유롭게 움직인다. 이와 같이 도선을 속을 이동해 가는 것은 전자이다.

 도선 내에서 전자와 같은 전하가 이동하는 현상을 전류라고 한다. 이렇게 이동하는 전자를 자유 전자라고 한다. 보통 조건(건전지와 같은 전원에 연결하지 않은)하에서 도선 내의

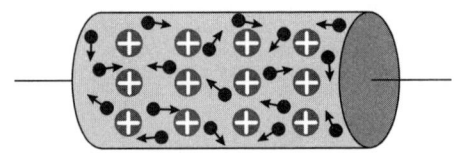

⊕ 원자, ● 전자

자유 전자의 운동은 기체 원자의 운동과 같이 완전히 제멋대로이다.

도선 내에서 자유 전자의 운동은 공기 중에서의 공기 분자들의 운동과 유사하다. 공기 분자들은 빠른 속도로 움직이지만 모든 방향으로 똑같이 움직이기 때문에 평균 속도는 0이다. 이때는 공기의 흐름을 느끼지 못한다.

자유 전자가 도선 내의 단면적을 통과할 때 단면적을 통해서 오른쪽으로 이동하는 자유 전자와 같은 수의 자유 전자들이 왼쪽으로 움직인다. 즉 단면적을 통하여 흐르는 자유 전자의 총 흐름은 0이 된다.

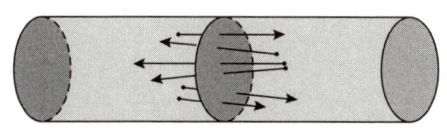

도선 내의 자유 전자는 열에너지에 의해서 상당히 빠른 속력을 갖고 모든 방향으로 자유롭게 운동한다. 실온에서 도선 내의 자유 전자의 속력은 약 10^6m/s이다. 그러나 도선의 어떤 단면적을 통하여 자유 전자들이 오른쪽으로 이동한 만큼 왼쪽으로도 이동한다. 마찬가지로 모든 방향으로 같은 수의 자유 전자들이 서로 반대 방향으로 움직인다. 그러므로 도선 내의 모든 점에서 자유 전자의 총 흐름은 0이기 때문에 도선을 통하여 전류가 흐르지 않는다. 따라서 도선만을 전구에 연결해서는 전구에 불이 들어오지 않는다.

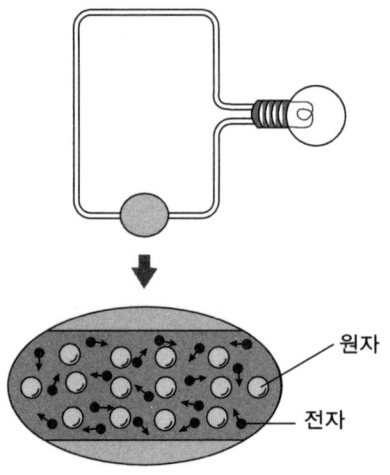

정답 ②

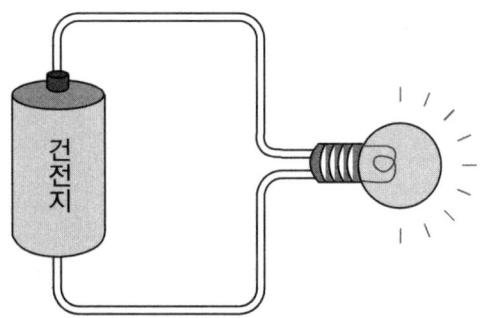

28. 자유 전자의 운동 - II

- 전기장 내에서 자유전자의 이동 -

 절연된(건전지를 연결하지 않은) 도선 내에서 자유 전자는 제멋대로 모든 방향으로 상당히 빠른 속력으로 움직인다. 이 도선의 양 끝을 건전지와 같은 전원에 연결하면 자유 전자의 운동 방향은 어떻게 되겠는가?

❶ 한쪽 방향으로 이동한다.
❷ 여전히 모든 방향으로 이동한다.
❸ 움직이지 않고 정지해 있다.

도선의 양 끝을 전지와 같은 전원에 연결하면 도선 내의 전자들은 (-)극으로부터 척력을 받고 (+)극으로부터 인력을 받기 때문에 (+)극 쪽으로 끌린다. 따라서 모든 방향으로 제멋대로 움직이던 자유 전자는 전원의 (-)극에서 (+)극으로 움직인다. 결과적으로 도선의 단면적을 통해서 전자의 이동이 있게 된다. 이와 같은 자유 전자의 이동이 전류의 흐름이다. 즉 도선에 전류가 흐른다.

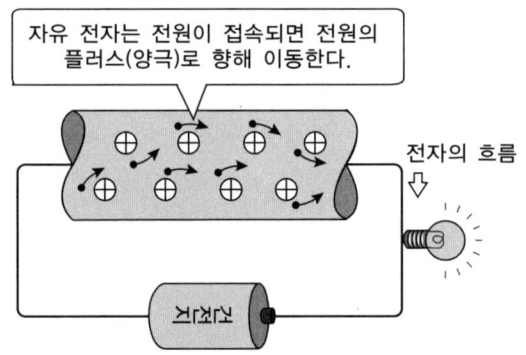

정답 ①

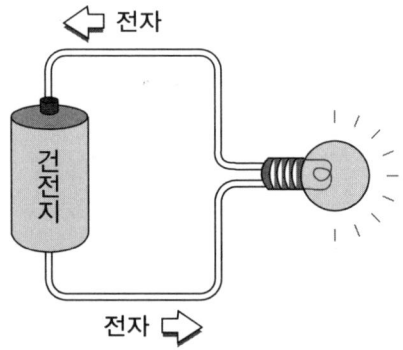

29. 자유 전자의 운동 - Ⅲ

- 전기장 내에서 자유 전자의 속력 -

건전지를 연결한 도선 내의 자유 전자는 전원의 (+)극으로 이동하여 전류가 흐르게 된다. 이 때 자유 전자의 속력은 건전지를 연결하지 않은 도선 내의 자유 전자의 속력보다?

❶ 빨라 진다.
❷ 느려 진다.
❸ 변화 없다.

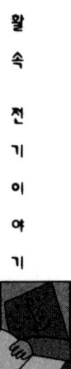

지구의 중력이 작용하는 공간을 중력장이라고 한다. 중력장 안에 물체가 있으면 이 물체는 지구로부터 힘을 받아 지구로 잡아끌린다. 마찬가지로 전기력이 작용하는 공간을 전기장이라 한다. 전하가 전기장 내에 있으면 전하도 전기장으로부터 힘을 받아 움직인다.

도선의 양 끝을 전지와 같은 전원 연결하면 도선 내에 전기장이 (+)극에서 (-)극 방향으로 생기게 된다. 이때 전기장 안에 있는 (-)전하는 (+)극으로 끌린다. 따라서 이 때 자유전자는 전기장로부터 힘을 받아 순간적으로

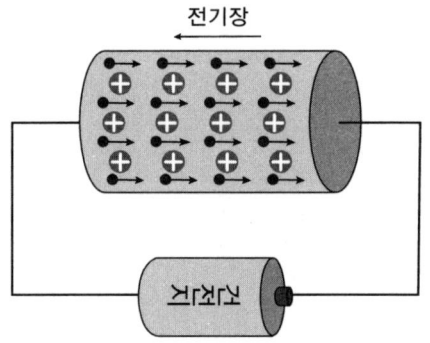

가속된다. 전기장으로부터 힘을 받은 자유 전자는 순간적으로 (+)극 쪽으로 속도가 다소 증가하게 되지만 증가한 운동 에너지는 도선 내의 고정된 원자(이온)와 충돌로 인하여 잃어버리게 된다. 충돌 후 자유 전자는 다시 전기장에 의해서 가속되지만 즉시 충돌로 인하여 에너지를 잃어버린다. 이런 가속 운동과 운동 에너지의 손실 과정을 반복하므로 자유 전자는 전기장의 방향과 반대 방향으로 가속 운동을 하지 못하고 아주 느린 일정한 속력으로 이동하게 된다. 이 때 일정한 전류가 흐르게 된다. 충돌할 때 자유 전자가 잃어버린 에너지는 열에너지로 변환된다.

보통 가정용 전선은 15A의 전류용이다. 이 전류의 전자 속도는 약 1mm/s이다. 이 속력으로 이동하는 자유 전자는 10cm을 진행하는 데 10초가 걸린다.

정 답 ②

■ 유동 속도

　도체 속을 전자가 움직이는 속도는 빠르지 않다. 20℃의 은인 경우 1cm에 1V의 전압을 가하면 이 때 전자가 이동하는 속도는 0.67m/s(=67cm/s)이다.

　금속 도체에는 1cm^{3}에 10^{22}개 정도의 원자가 있다. 따라서 금속 도체에 전기장을 가해서 자유 전자를 움직이려고 해도 전자는 많은 원자에 충돌해서 빠르게 움직일 수 없고 느리게 움직인다.

　금속 도체에 1cm^{3}에 10^{22}개 정도의 원자가 있다는 것은 1cm 길이에 전자가 약 천 만개 늘어서 있는 것이 된다. 1mm 길이에 전자가 약 백 만개 늘어서 있는 것이 된다.

30. 불이 들어오는 전구

- 어떤 전구에 불이 켜질까? -

물음 손전등, 전기난로 등은 동작을 위해서 전류를 사용한다. 전구와 건전지 그리고 전선으로 간단한 전기 회로를 만들 수 있다. 다음 그림의 가능한 세 가지 배열 중 어느 전구에 불이 들어오겠는가?

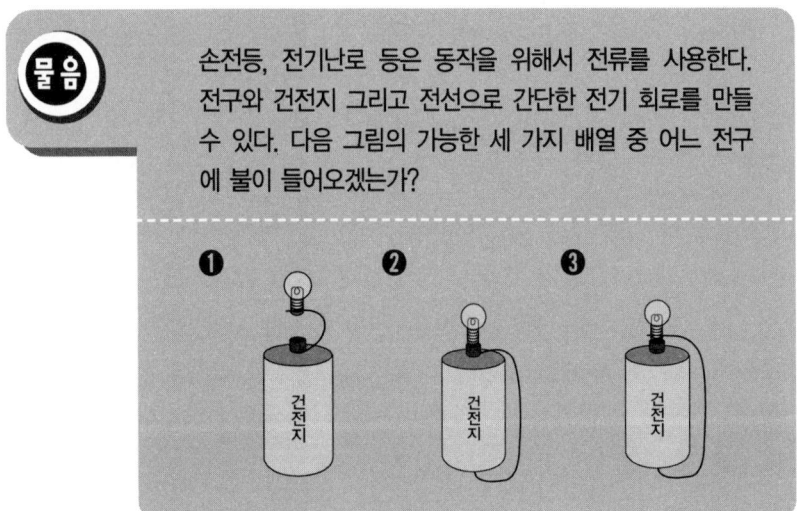

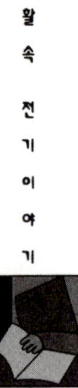

　전자가 흐르는 모든 길을 전기 회로라고 한다. 전자가 연속적으로 흐르기 위해서는 전기 회로가 이어져 있어야 한다(닫힌회로).
　①번 같이 연결해서는 아무 일도 일어나지 않는다. 즉 전구에 불이 들어오지도 않고 건전지도 소모되지도 않는다. 이 경우는 열린 회로이다. 완전한 회로가 구성되기 위해서는 건전지의 양끝에 도선이 연결된 닫혀진 경로가 되어야 한다.
　②의 경우는 닫혀진 경로의 회로이다. 그러나 전류는 전구를 통과하지 않고 전선을 통해서만 흐르기 때문에 전선은 따뜻해지나 전구에는 불이 들어오지 않는다. 전선을 그대로 계속 두면 건전지는 소모가 된다.
　③과 같은 연결이 전류가 건전지를 포함해서 회로의 모든 곳을 통과하여 전구를 통해 흐른다. 건전지의 (−)극에서부터 전구의 옆면까지 전선으로 연결되어 있고 전구의 옆면에서 필라멘트를 통하여 전구의 끝단이 건전지의 (+)극에 연결되어 있다. 이와 같이 닫혀진 완전한 경로가 되어야 전구에 불이 들어온다.

정답　③

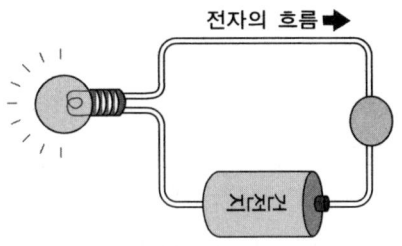

31. 전류의 방향 - I

- 전류의 방향과 전자의 이동 방향 -

도선 내에서 전하가 이동하는 현상을 전류라고 한다. 그러나 원자핵을 이루는 양성자는 거의 고정되어 있어서 움직이지 않고 (-)전하를 띠는 자유 전자만 이동을 한다. 그렇다면 전류가 흐르는 방향은 어느 방향인가?

❶ (+)전하가 이동하는 방향
❷ (-)전하가 이동하는 방향과 반대 방향
❸ 임의의 방향(아무 방향)

생활속 전기이야기

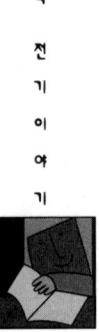

도체 내에서 전하가 이동하는 현상을 전류라고 하고 (+)전하의 이동 방향을 전류의 방향으로 정하였다. 이와 같은 정의는 도체 내에서 전류를 흐르게 하는 운반체가 (-)전하를 띠는 전자라는 것이 알려지기 전에 이루어진 것이다.

자유 전자에 전지 등의 전원이 접속되면 자유 전자는 전원의 (+)극으로 향해 이동하기 시작한다. (-)전하를 가진 자유 전자가 (+)극으로 향해 이동하는 전자의 흐름이 전류라는 것이 후에 증명되었다. 전자는 (-)극에서 (+)극으로 이동하므로 "전류는 (+)극에서 (-)극으로 흐른다."는 종래의 생각과 달라져 버렸다. 그러나 전류는 전자의 이동 방향과 반대로 흐른다고 해도 별 지장이 없기 때문에 오늘날까지 그대로 사용하고 있다.

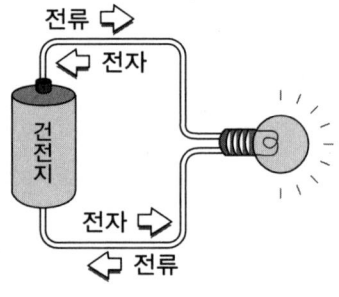

전류는 언제나 (+)전하의 운동으로 생각하여야 하며 도선에서는 전자가 전류의 방향과 반대로 움직이고 있다는 것을 알아 두어야 한다. 따라서 전류는 전자의 이동 방향과 반대 방향으로 흐르고 전자의 이동 방향은 (+)전하의 이동 방향과 반대 방향이다.

일상 생활에서 쓰이는 전하의 흐름은 정전기와 구별하여 전류라고 한다. 전류가 흐르는 방향은 (+)전하가 이동하는 방향을 향하고 있으므로 자유 전자의 흐름의 방향과 반대로 되므로 주위가 필요하다.

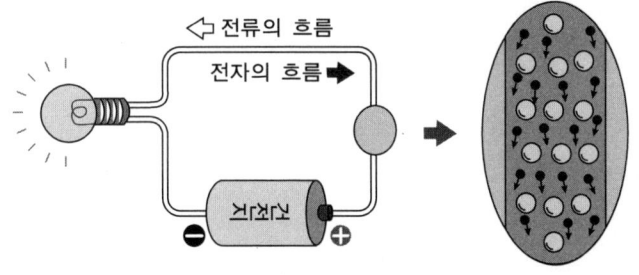

정답 ①, ②

 알아두기

■ 전류의 작용

- 발열작용 : 저항이 있는 도체에 전류가 흐르게 되면 전자와 금속 원자와의 충돌로 열이 발생한다.
- 자기작용 : 전류가 흐르는 도선은 주위에 자기장을 만들어 자석에 힘을 작용할 뿐만 아니라 자석으로부터 힘을 받는다.
- 화학작용 : 전류는 몇몇 화합물을 분해 시킬 수 있다. 이러한 작용은 전기 도금 등에 이용하기도 한다.

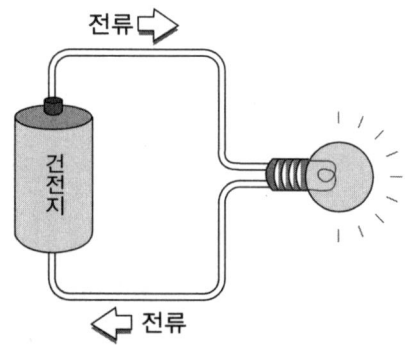

32. 전류의 방향 - II

- 전류의 방향과 전압 -

도선에 전류가 지속적으로 흐르게 하기 위해서는 건전지와 같은 전원 장치에 연결해야 한다. 이와 같은 도선에 전구를 연결하면 불이 들어온다. 이때 전류는 어느 방향으로 흐르는가?

❶ 전압이 낮은 곳에서 높은 곳으로 흐른다.
❷ 전압이 높은 곳에서 낮은 곳으로 흐른다.

생활속 전기이야기

전류가 흐르는 것은 물이 흐르는 것과 아주 유사하다. 물은 높이(수위)가 높은 곳에서 낮은 곳으로 흐르고 높이의 차이(수위차)가 있을 때 수위가 같아질 때까지 물이 흐르고 수위차가 클수록 물을 밀어내는 압력도 커진다.

전류도 물의 흐름과 같이 전기적인 수위차(전위차)가 없으면 흐르지 않는다. 전기적인

전류의 방향 II

 위치 에너지를 전위라고 하고 전위의 차이를 전위차(전압)라고 한다. 도선 속을 흐르는 전류도 전위가 높은 곳에서 낮은 곳으로 서로 같아 질 때가지 흐른다. 도선 양끝의 전위가 서로 같아지게 되면 더 이상 전류는 흐르지 않는다. 즉 전위차가 있어야 전류가 흐른다.

 전류가 흐르게 하기 위해서는 회로에 전자의 이동을 일으키는 전위가 높은 점과 낮은 점이 필요하다. 전위차를 유지시켜 전류가 계속 흐르는데 필요한 적당한 장치가 필요하다. 이러한 장치가 바로 전원 장치로 건전지이다.

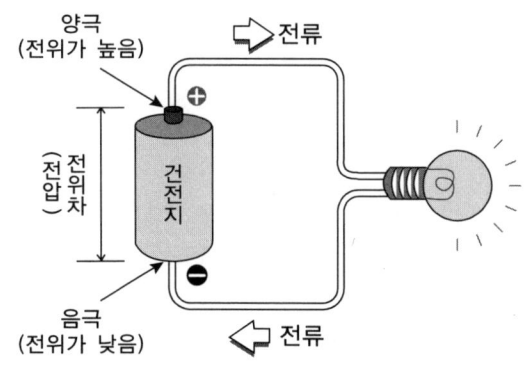

정답 ②

생활속 전기이야기

건전지에서 전위가 높은 곳을 (+)극이라고 하고 전위가 낮은 곳을 (-)극이라고 한다. 건전지에 연결된 전구에 불이 들어오는 것은 전위가 높은 (+)극에서 낮은 (-)극으로 전류가 흐르기 때문이다. 이와 같이 전류가 흐르기 위해서는 전기적 압력차인 전압차가 있어야 전압이 높은 극에서 낮은 극으로 전류가 흐른다.

전구에 불이 들어오는 것은 접속되어 있는 건전지의 (+)극과 (-)극의 양끝에 전압차가 있기 때문이다. 우리가 주로 많이 사용하는 보통의 건전지는 전압이 1.5V이다. 건전지의 전압이 1.5V라는 (+)극이 (-)극보다 전압이 1.5V 높다는 것이다. 따라서 전류는 전압이 높은 (+)극에서 전압이 낮은 (-)극으로 흐른다.

33. 전기 에너지의 공급

- 전기 에너지를 공급하는 장치는? -

 전구에 불이 계속 들어오기 위해서는 지속적으로 전하의 흐름을 유지하는 위한 적당한 장치가 필요하다. 이와 같이 전기 에너지를 계속 공급하는 장치는 무엇인가?

❶ 전지
❷ 발전기
❸ 두개 모두

생활속 전기이야기

전하는 스스로 이동하지는 않기 때문에 전구에 도선을 연결하여도 전구에 불이 들어오지 않는다. 그러므로 지속적으로 전하의 흐름을 유지하는 위한 적당한 장치가 필요하다. 즉 전구를 계속해서 밝히기 위해서는 전구에 전류가 흐르게 해야 한다. 끊임없이 전류가 흐르기 위한 전압(전위차)을 발생하는 장치가 있어야 한다.

저항이나 도체 내에 지속적으로 전류를 흐르게 하려면 일정한 전기적 에너지의 계속적인 공급이 필요하다. 이와 같이 전기 에너지를 공급하는 장치를 기전력(electromotive force) 장치라고 한다.

펌프가 하는 역할은 기전력 장치가 하는 역할과 거의 같다. 펌프는 물을 만들어 내는 것이 아니라 물이 흐르도록 하는 역할을 한다. 펌프가 세면 물에 세게 흐르고 펌프가 약하면 물이 약하게 흐른다. 이와 같이 기전력 장치의 세기에 따라 전류를 세게 흐르게 할 수도 있고 약하게 흐르게 할 수도 있다.

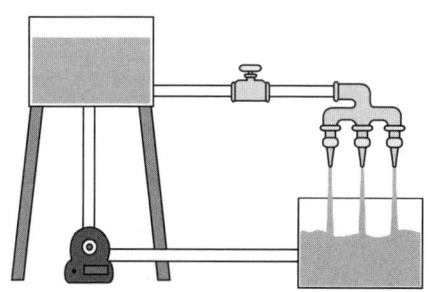

　기전력 장치는 화학적 에너지를 전기 에너지로 변환시켜주는 전지일 수도 있다. 또한 역학적 에너지를 전기 에너지로 바꾸는 발전기일 수도 있다. 기전력 장치는 그 장치를 지나는 전하에 일을 하여 전하의 위치 에너지를 높여준다. 기전력의 단위는 전압과 같이 볼트(V)를 사용한다.

 알아두기

■ 에너지

　에너지란 일을 할 수 있는 능력이다. A가 B에게 일을 한다는 것은 A가 B에게 에너지를 주는 것이다. 따라서 에너지의 양은 그 에너지가 한 일의 양으로 표시한다. 즉 물체가 외부로부터 일을 받으면 받은 일만큼 에너지가 증가하고 반대로 외부에 일을 하면 한 일만큼 에너지가 감소하다. 에너지의 단위는 일의 단위인 J를 사용한다.

　에너지는 새로 만들어지거나 없어지는 일은 없다. 다만 한 형태의 에너지가 다른 형태의 에너지로 전환될 뿐이다. 이 때에도 늘거나 줄지 않고 그 양이 그대로 보존된다. 에너지는 여러 종류로 구분되나 대표적인 것은 다음과 같다. 운동에너지, 중력에 의한 위치 에너지, 탄성 에너지. 열에너지, 파동에너지, 빛에너지, 전기에너지, 화학에너지, 핵에너지 등 이밖에도 많은 종류의 에어지기 있으며 위의 것을 더 세분화 할 수도 있다

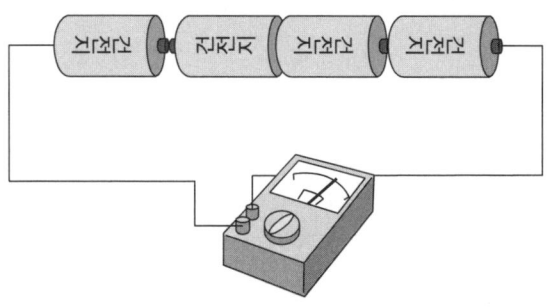

34 - 건전지의 사용 - I

- 건전지의 전압 -

가정에서 사용하는 건전지는 한 개를 사용하는 경우도 있지만 대부분은 여러 개를 연결하여 사용한다. 일반적으로 우리가 사용하는 건전지는 1.5V가 많다. 이 건전지를 다음과 같이 직렬로 연결하여 전압계로 전압을 측정하면 전압계의 바늘은 얼마의 전압을 나타내겠는가?

❶ 0V
❷ 1.5V
❸ 3.0V
❹ 4.5V
❺ 6.0V

생활 속 전기 이야기

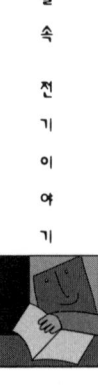

전압의 단위는 볼트(V)로 나타낸다. 전류를 흐르게 하는 능력을 전압이라 한다. 우리가 가정에서 주로 많이 사용하는 보통의 건전지는 전압이 1.5V이다. 건전지의 전압이 1.5V라는 것은 (-)극이 0V이고 (+)극이 1.5V라는 것이 아니라 (+)극이 (-)극보다 전압이 1.5V 높다는 것이다. 반대로 말하면 (-)극이 (+)극보다 전압이 1.5V가 낮다는 것이다.

전압이 1.5V인 건전지 3개를 합쳐 기준점으로부터 각 전전지의 (+)극에서의 전압을 나타내면 다음과 같다. 건전지의 전압은 항상 (+)극이 (-)극보다 1.5V가 높다. 그러므로 건전지의 (-)극에 다른 건전지의 (+)극을 연결하는 방식으로 건전지를 일렬로 연결하면 건전지를 하나 더 연결할 때마다 1.5V씩 전압이 높아진다.

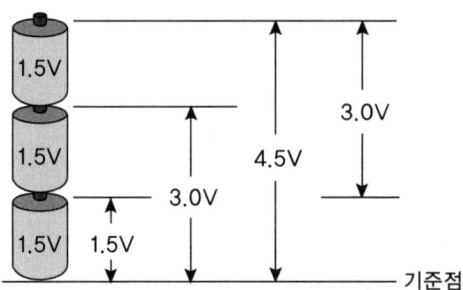

전압이 1.5V인 건전지 4개가 필요한 6V용 손전등에 건전지를 넣을 때 한 건전지의 (+)극과 (-)극의 방향을 반대로 연결하면 6V의 전압을 얻을 수 있음에도 불구하고 3V의 전압 얻는다. ⓐ를 기준점이라고 ⓐ에서 ⓑ로 가면 1.5V가 높아지고 ⓑ에서 ⓒ로 가면 1.5V가 낮아진다. 다시 ⓒ에서 ⓓ로 가면 1.5V 높아지고 ⓓ에서 ⓔ로 가면 1.5V 높아진다.

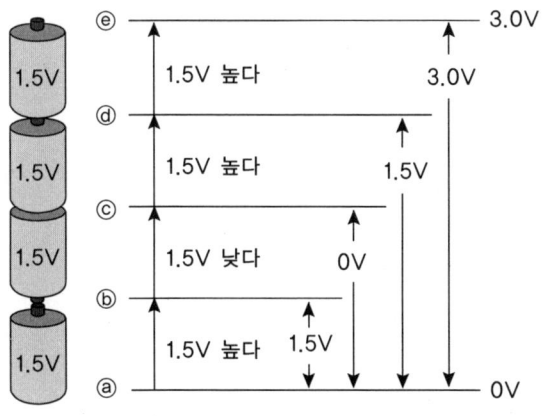

편의상 ⓐ의 전압을 임의로 0V라고 하면 ⓑ는 ⓐ보다 전압이 1.5V높다. 따라서 ⓑ에서의 전압은 1.5V이다. ⓒ은 ⓑ보다 1.5V가 낮다. 따라서

ⓒ에서의 전압은 0V이다. ⓓ는 ⓒ보다 전압이 1.5V높다. 따라서 ⓓ에서의 전압은 1.5V이다. ⓔ는 ⓓ보다 전압이 1.5V높다. 따라서 ⓔ에서의 전압은 3.0V이다.

몇 개의 건전지를 한번에 넣어서 연결할 때는 주의를 해야 한다. 건전지는 손전등, 휴대용 카세트, 시계 등에 쓰이는 전기 에너지의 공급원이다. 간단한 전기 회로에서 전류가 흐를 수 있는 것도 건전지가 공급하는 에너지가 있기 때문이다. 전기 제품을 사용할 때 전류가 흐르면서 전기 에너지가 빛 에너지나 열 에너지나 운동 에너지로 바꾸기 때문이다.

건전지에 전구를 연결하여 켜 두면 점점 어두워져 흐려진다. 그 이유는 건전지가 갖고 있는 전기 에너지가 전구에서 빛에너지와 열에너지로 바뀌어 소모되었기 때문이다. 건전지의 전압이 0이면 도선을 연결하더라도 전류는 흐르지 않는다. 이런 경우에는 전하를 움직이게 하는 전압차가 없기 때문이다. 전압차가 클수록 더 많은 전류가 흐른다.

정답 ③

35. 건전지의 사용 - II

- 건전지의 직렬연결 -

승은이가 새해를 맞이하여 해돋이를 보러 새벽에 계룡산에 올라갔다. 새벽 산행이라서 손전등을 준비해서 가져갔다. 그러나 손전등을 켜도 불빛이 어두워서 승은이 발아래만 겨우 볼 수 있었다. 손전등을 더 밝게 비추려면 건전지를 어떤 방식으로 연결해야 되는가?

❶ 직렬연결
❷ 병렬연결
❸ 똑같다.

건전지의 (+)극과 (−)극을 교대로 연결하는 방식, 즉 건전지의 (−)극에 다른 건전지의 (+)극을 차례로 연결하는 것을 직렬 연결이라고 한다.

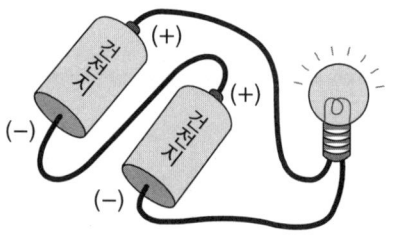

직렬 연결 방식에서 건전지의 전체 전압은 각 건전지의 전압의 합과 같다. 따라서 전기

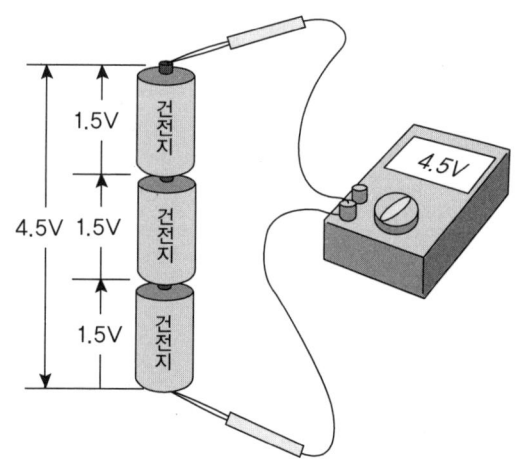

건전지의 사용 II

회로에서 전압이 증가한다.

물의 수위가 두 배로 높아지면 물이 흐르는 압력이 증가하여 물이 더 세게 흐르듯이 건전지를 직렬로 연결하

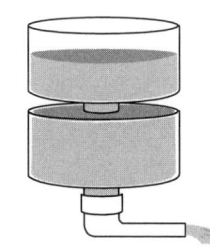

면 전하를 밀어내는 전압은 그 만큼 더 높아진다. 그러므로 건전지를 직렬로 연결하면 1개의 건전지를 연결할 때보다 2개를 연결할 때가 더 밝고 연결한 건전지의 수만큼 전압이 커진다.

높은 전압을 필요로 할 때는 이와 같이 건전지를 직렬로 연결해서 사용한다. 만약 전기 제품이 12V의 전원 전압이 필요할 때에는 8개의 건전지를 직렬로 연결하여 사용하면 된다. 그러나 건전지를 사용할 수 있는 시간은 여러 개의 건전지를 연결하였더라도 한 개의 건전지를 사용하는 시간과 같다.

정답 ①

 알아두기

■ 건전지

    현재의 건전지는 크기가 작고 완전히 밀폐되어 있고 전해액도 풀 형태이므로 사용하기 편리하다. 초기의 전지는 (-)극에 아연판 (-)극에 이산화망간, 전해액으로는 염화암모늄을 사용했다. 그러나 전해액이 액체라 운반하기 불편했기 때문에 새지 않고 안전하게 가지고 다닐수 있는 전지를 연구하게 되었다.
    건전지에는 망간 건전지, 알칼리 건전지, 리튬 전지, 수은 전지, 공기 전지 등이 있다. 가장 오래되고 잘 알려져 있는 망간 건전지는 용량이 작기 때문에 전력을 조금만 소비하는 탁상 시계나 가끔 사용하는 손전등에 쓰면 알맞다. 알칼리 건전지는 아연이 분말로 되어 있어서 반응 면적도 크고 전해액으로 쓰이는 수산화칼륨 용액은 전류가 잘 흐르므로 휴대용 카세트 등 모터를 움직이기 위해 파워가 필요한 것에 적합하다. 수은 전지는 안정된 전압을 제공하므로 편리하지만 수은 오염의 문제가 있다. 리튬 전지는 컴퓨터 메모리 백업 전원으로 쓰인다. 리튬 전지를 사용하면 갑작스런 정전에도 입력한 데이터가 사라지지 않는다.

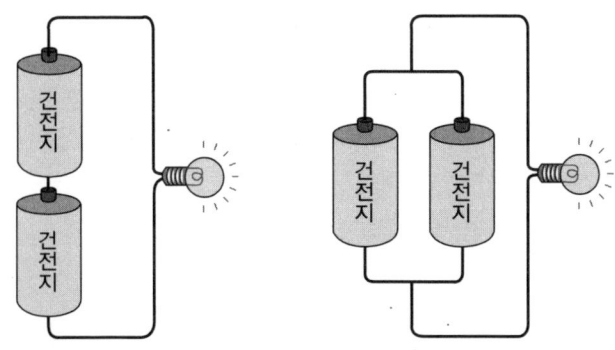

36. 건전지의 사용 - Ⅲ

- 건전지의 병렬연결 -

승호가 새해를 맞이하여 해돋이를 보러 새벽에 계룡산에 올라갔다. 새벽 산행이라서 손전등을 준비해서 어두운 산길을 비추면서 잘 올라갔다. 그런데 정상 부근에 거의 도달해서 손전등이 꺼져 버렸다. 손전등을 더 오래 쓰려면 건전지를 어떤 방식으로 연결해야 되는가?

❶ 직렬연결
❷ 병렬연결
❸ 똑같다.

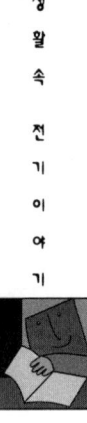

건전지의 (+)극은 (+)극끼리 연결하고 (−)극은 (−)극끼리 연결하는 것을 병렬 연결이라고 한다.

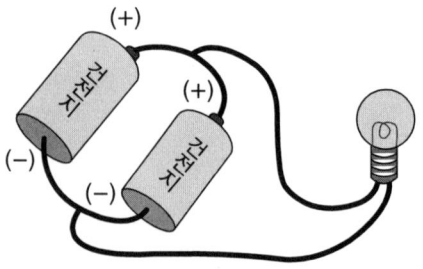

병렬 연결에서는 연결한 건전지의 전체 전압은 한 개의 건전지의 전압과 같다. 따라서 전기회로에서 전압은 일정하다.

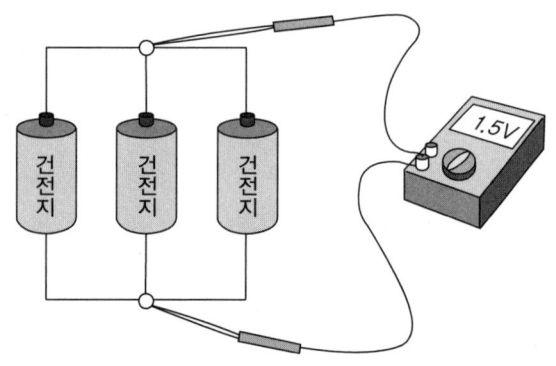

건전지를 병렬로 연결하면 각각의 건전지가 독립된 형태로 전구에 전압을 걸어 주기 때문에 전체의 전압은 1개일 때나 2개일 때나 변하지 않는다. 따라서 병렬로 연결하면 2개를 연결하더라도 1개일 때에 비해 밝기는 변하지 않는다.

물과 비교하면 물의 양이 더 많아지게 되지만 수위는 변함이 없다. 이 때 물이 나오는 압력은 변화가 없지만 물이 나오는 시간은 그 만큼 길어진다. 그러므로 건전지를 오래 쓸 수 있다.

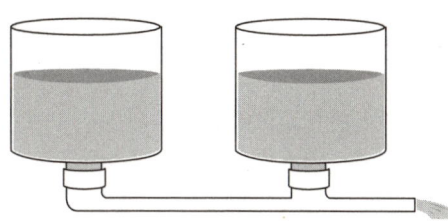

건전지를 병렬로 연결하면 건전지를 사용할 수 있는 시간은 연결한 건전지의 수만큼 길어지므로 높은 전압은 필요하지 않지만 오랜 시간 사용하고자 할 때 병렬 연결 방법을 이용한다.

정답 ②

■ 전해질

　원자는 (+)전기를 띤 원자핵과 (-)전기를 띤 전자로 이루어져 있지만 서로 균형을 이루고 있어서 전기적으로 중성이다. 원자는 전자를 잃거나 얻으려는 성질이 있어서 에너지를 가하거나 조건이 다른 물질과 만나면 전자의 이동이 일어난다. 이 때 전자를 얻은 원자는 음이온이 되고 전자를 잃은 원자는 양이온이 된다. 양이온은 (-)극, 음이온은 (+)극으로 각각 끌려간다. 이온의 이동으로 전자가 전극으로 운반되므로 이온을 '전자의 운반자'라고도 한다. 전자나 이온이 이동하면 전기가 흐른다. 이온이 되기 쉬운 원자가 녹아 있는 수용액은 전기가 쉽게 통과한다.

　소금을 구성하는 나트륨과 염소는 물에 녹으면 이온이 되기 쉬워 식염수는 전기를 통과시키기 쉽다. 손에 나는 땀에도 열류가 있어 물이 묻으면 전기가 잘 통하게 된다. 따라서 물 묻은 손으로 전기 기구를 만지면 감전의 위험이 크다.

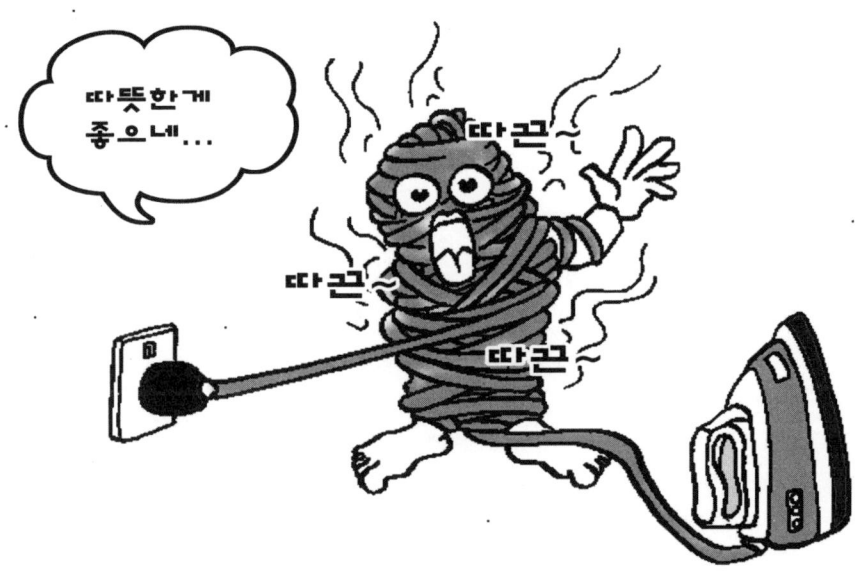

37. 따뜻한 도선

- 전류가 흐르는 도선이 따뜻한 이유는? -

전류가 흐르는 도선의 코드를 만져보면 따뜻하다. 코드란 절연처리가 되어 있는 유연한 전선을 말한다. 전류가 흐르는 도선의 코드를 만져보면 따뜻한 이유는 전기 저항 때문이다. 그렇다면 도선의 전기 저항이 어떤 경우에 열이 더 날까?

❶ 전기 저항이 클 때
❷ 전기 저항이 작을 때

　전류는 (+)극에서 (-)극으로 흐른다. 전류를 흐르게 하는 원인이 전압인데 전압이 걸려 전류가 흐르게 되면 전자가 도선 속을 흐를 때 도선이 전류가 흐르는 것을 방해하는 성질이 있다. 이것을 전기 저항(electric resistance)이라고 한다.

　왜 저항이 발생하는 것일까? 전원이 연결된 도선 내에서는 고정된 금속 원자 사이를 자유 전자가 이동함으로서 전류가 흐르게 된다. 이 때 (+)극 쪽으로 이동하는 자유 전자가 원자와 충돌하면 자유 전자의 운동 에너지를 원자에게 전달하기 때문에 원자가 진동을 하게 된다. 원자의 진동이 도선 내의 열에너지로 전환되어 열이 발생하기 때문에 코드가 따뜻한 것이다. 열에너지로 전환된 만큼 자유 전자의 이동 속도는 느려진다.

　도선에 전류가 흐르면 전자들이 이동하면서 원자들과 충돌하여 원자들의 진동이 활발하게 된다. 즉 도선의 온도가 올라가게 되고 우리는 뜨겁게 느끼는 것이다. 이 때 에너지는 온도가 높은 도선 내부에서 온도가 낮은 바깥으로 이동하게 되며 이를 열이라고 한다. 바로 공급된 전기에너지가 열에너지로 전환되어 바깥으로 나가는 것이다.

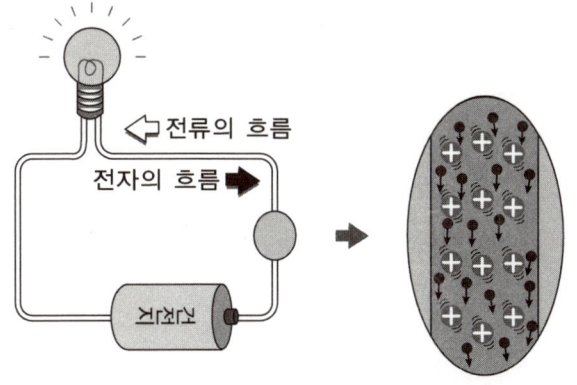

　같은 세기의 전류가 흐를 때 저항이 큰 물질은 원자들과 충돌이 잘 일어나기 때문에 온도가 빨리 올라간다. 도선에 전류가 흐를 때 발생하는 열을 이용하는 것에는 전기다리미, 전기포트, 헤어 드라이기, 전기밥솥, 전기난로 등 여러 가지 전기 제품이 있다.

 알아두기

■ 코드(전선)

　코드란 절연 처리가 되어 있는 유연한 전선을 말하며 옥내 배선으로부터 전기 기구를 연결하는 데 사용된다. 즉 전기를 콘센트에서 전기 제품으로 전달하는 역할을 하는 도선을 말한다. 전선을 벗겨 보면 가는 도선이 여러 줄 꼬아져 있고 비닐 등의 절연체가 도선을 감싸고 있다. 가는 도선을 여러 줄 꼬아서 사용하는 이유는 굵은 도선 하나로 만들어 사용하면 튼튼하지만 유연성이 떨어져서 사용하기가 불편하다. 보이지 않는 장소에서의 배선은 유연성이 떨어지더라도 튼튼한 것이 더 좋기 때문에 하나의 선으로 된 굵은 도선을 사용한다.
　우리 주위에는 비닐 코드, 고무 코드, 캡타이어 코드가 쓰이고 있다. 연장 코드 등으로는 비닐 코드를 많이 쓰지만 비닐은 열에 약하므로 전기 난로 같은 전열 기구의 코드로는 사용할 수 없다. 그래서 전열 기구에는 대부분 튼튼한 둥글게 감은 코드를 사용한다. 다리미 코드는 보통 비닐 같지만 쉽게 녹지 않는 특수한 비닐을 쓰고 있다.

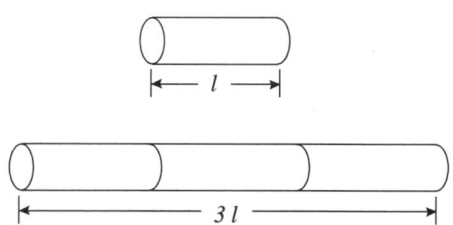

38. 저항 - I

- 저항과 도선의 길이 -

도선의 전기 저항은 도선 내의 원자와 자유 전자의 충돌 때문에 생긴다. 따라서 도선의 저항은 도선의 길이에 따라 다르다. 다음 중 옳은 표현은?

❶ 도선의 길이가 짧을 수록 저항이 크다.
❷ 도선의 길이가 길수록 저항이 크다.

생활속 전기 이야기

　일반적으로 도선의 전기 저항은 도선이 길수록 커진다. 사람들이 횡단 보도를 건널 때 길이가 짧은 횡단 보도는 쉽게 건너지만 횡단 보도가 길면 부딪히는 경우가 더 많아져 건너기 어렵다. 전류도 도선의 길이가 짧으면 잘 흐르고 길이가 길면 잘 흐르지 못한다. 즉 단면적이 같은 도선의 길이가 길수록 저항은 커지고 길이가 짧을수록 저항은 작아진다.

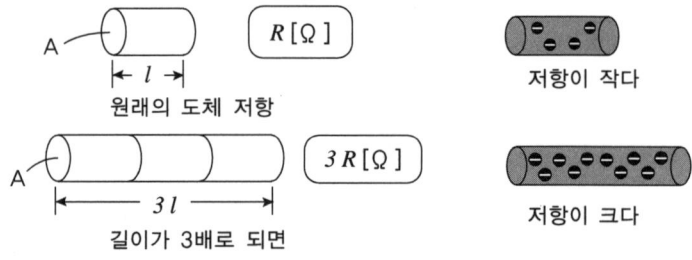

【길이의 비교】

정답 ②

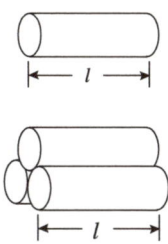

39. 저항 - II
- 저항과 도선의 단면적 -

도선의 전기 저항은 도선 내의 원자와 자유 전자의 충돌 때문에 생긴다. 따라서 도선의 저항은 도선이 단면적에 따라 다르다. 다음 중 옳은 표현은?

❶ 도선의 단면적이 작을수록 저항이 크다.
❷ 도선의 단면적이 클수록 저항이 크다.

생활 속 전기 이야기

일반적으로 도선의 전기 저항은 도선이 길수록 단면적이 작을수록 커진다. 사람들이 횡단 보도를 건널 때 두 칸으로 만들어진 넓은 횡단 보도에서 사람들이 건널 때와 한 칸으로 만들어진 좁은 횡단 보도를 건널 때 어떤 횡단 보도에서 건너기 쉬울까? 당연히 넓은 횡단 보도이다. 좁은 횡단 보도를 건널 때는 사람들끼리 부딪히는 경우가 많아 건너기 불편할 것이고 넓은 횡단 보도에서는 서로 부딪히는 경우가 적어 건너기 쉬울 것이다. 마찬가지로 전류도 도선의 단면적이 크면 잘 흐르고 단면적이 작으면 잘 흐르지 못한다. 즉 길이가 같은 도선의 단면적이 작을수록 저항은 크고 단면적이 클수록 저항은 작다.

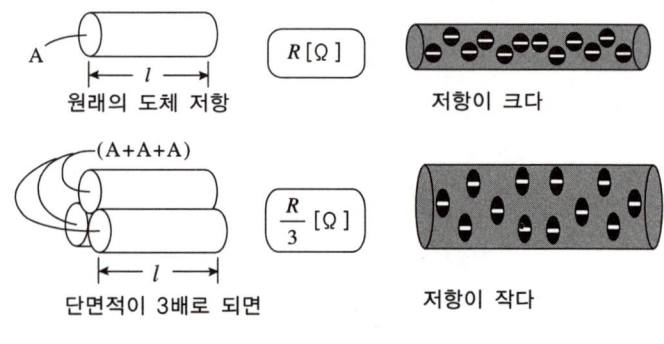

【단면적의 비교】

정답 ①

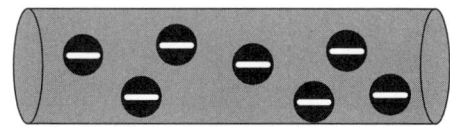

40. 저항 - Ⅲ

- 저항과 도선의 온도 -

 도선의 전기 저항은 도선 내의 원자와 자유 전자의 충돌 때문에 생긴다. 그렇다면 도선의 저항은 도선의 온도와 어떤 관계가 있을까?

❶ 도선의 온도가 낮을수록 저항이 크다.
❷ 도선의 온도가 높을수록 저항이 크다.
❸ 온도와는 상관없다.

생활속 전기이야기

일반적으로 도선의 전기 저항은 도선이 길수록 단면적이 작을수록 온도가 높을수록 커진다. 온도를 낮추면 저항은 작아져 전류는 잘 흐르고 온도를 높이면 저항이 커져서 전류가 잘 흐르지 못한다.

도체내 원자의 진동이 클수록 충돌 횟수 증가하기 때문에 전하의 흐름에 대한 저항이 커지기 때문에 대부분의 도체의 경우 온도가 높이면 저항이 커지고 온도를 내리면 저항이 작아진다.

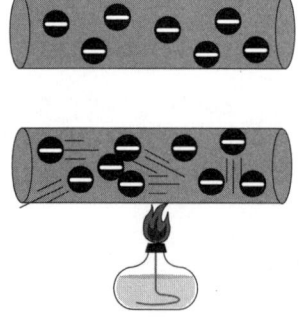

【온도에 따른 저항】

정답 ②

41. 저항 - IV

- 전선과 필라멘트의 저항 -

백열 전구 안에는 필라멘트가 들어있어 필라멘트에 연결된 전선을 전원에 연결하면 전구가 밝게 빛난다. 그렇다면 전선과 필라멘트 중 어느 쪽이 더 저항이 큰가?(단, 전구의 필라멘트와 전선은 직렬로 연결 되어 있다.)

❶ 전선
❷ 필라멘트

저항은 전자가 도선 속을 흐를 때 도선이 전류가 흐르는것을 방해하는 성질로 자유 전자(구리: 1㎤당 10^{23}개의 자유 전자)와 도선내의 원자와의 충돌로 생긴다. 도선 내에서는 금속 원자 사이를 자유 전자가 이동함으로서 전류가 흐른다. 자유 전자가 원자에 충돌하면 에너지가 열로 되어 소모된다. 그러므로 저항이 클수록 충돌 횟수가 증가하기 때문에 열로 소모되는 에너지가 많아진다. 즉 저항이 클수록 열이 많이 난다.

전선이 전구내의 필라멘트보다 더 큰 저항을 갖는다면 전선은 뜨거워질 것이고 빛을 발하게 될 것이다. 그러나 전구가 더 밝다. 전구가 밝게 빛난다는 것은 많은 양의 전기 에너지가 빛 에너지로 전환되었다는 것이다. 사용된 전기 에너지의 양이 많을수록 전구의 밝기는 더 밝다. 따라서 필라멘트의 저항이 더 크다.

정답 ②

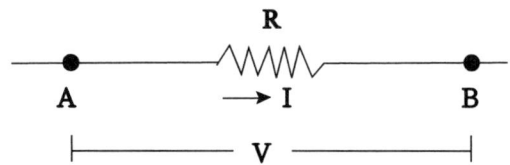

42. 오음의 법칙
- 전류와 전압과 저항의 관계 -

전류가 저항을 통하여 도선의 A점에서 B점으로 흐르는 경우 A점과 B점에서의 전압의 관계는?

❶ A가 B보다 IR만큼 전압이 높다.
❷ A가 B보다 IR만큼 전압이 낮다.
❸ A와 B의 전압은 같다.

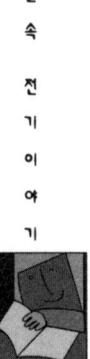

1) 도선의 저항이 일정

전압이 1.5V인 건전지 한 개를 전원으로 사용할 때보다 건전지 두개를 직렬로 연결하여 3V의 전압으로 사용할 때 전류가 더 많이 흐른다. 도선의 저항이 일정한 전기 회로에서 전압이 2배로 증가할 때 전류의 세기도 2배로 증가한다. 반대로 전압이 감소하면 전류의 세기도 감소한다. 따라서 전압과 전류의 크기는 비례한다.

$$전압 \propto 전류 \ (V \propto I)$$

2) 도선에 흐르는 전류가 일정

전압이 1.5V인 건전지를 한 개에서 두 개로 늘여도 전기 회로에 전류가 일정하게 흐르게 하려면 어떻게 하면 될까? 전압은 증가했는데 같은 크기의 전류가 흐르려면 전압이 커진 만큼 도선의 저항을 크게 만들어야 한다. 즉 전압을 2배로 증가하면 저항도 2배로 줄여야 전류가 일정하게 흐른다. 흐르는 전류가 일정한 전기 회로에서 전압이 증가하면 저항도 증가해야 한다. 반대로 전압이 감소하면 저항도 감소한다. 따라서 전압과 저항은 비례한다.

$$전압 \propto 저항 \ (V \propto R)$$

3) 도선의 전압이 일정

도선의 저항을 증가시키면 도선에 흐르는 전류는 어떻게 될까? 도선에 걸리는 전압이 일정한 전기 회로에서 저항이 증가하면 도선 내의 원자와 자유 전자가 충돌하는 횟수가 많아져 전류의 흐름이 감소한다. 반대로 도선의 저항이 감소하면 충돌 횟수가 적어지기 때문에 전류의 세기가 커진다. 이와 같이 전류와 저항은 반비례한다.

$$전류 \propto \frac{1}{저항} \left(V \propto \frac{1}{R} \right)$$

위의 세 가지 관계식에서 도선 속을 흐르는 전류는 전압차가 클수록 저항이 작을수록 잘 흐른다. 따라서 도선 속을 흐르는 전류 I는 도선 상의 두 점 사이의 전압 V에 비례하고 저항 R에는 반비례한다. 이것을 옴의 법칙(Ohm's law)이라고 한다.

$$전류 = \frac{전압}{저항} \left(I = \frac{V}{R} \right)$$

따라서 전류가 저항을 통하여 도선 내를 흐를 때 도선의 두 점 사이의 전압은

전압 = 전류 × 저항(V = I × R)

이다. 전류는 전압이 높은 곳에서 전압이 낮은 곳으로 흐른다. 따라서 전류가 A에서 B로 흐른다면 A가 B보다 전압이 높다. 전류가 저항을 통과할 때 전기 에너지가 저항에서 열에너지와 빛에너지로 전환되어 소모되므로 에너지를 잃어버리기 때문에 저항을 통과한 B점에서는 전압이 떨어진다. 이것을 전압 강하라고 하고 이 때 떨어진 전압은 저항을 통과하는 전류에다 저항의 크기를 곱한 값과 같다.

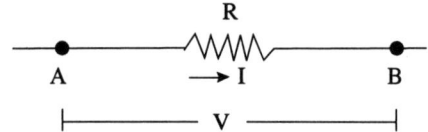

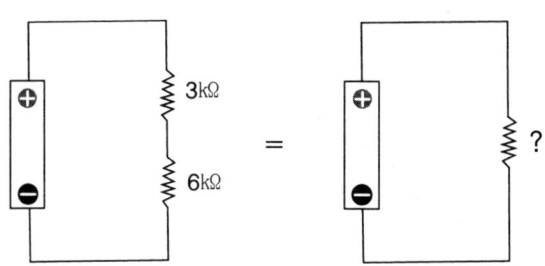

43. 저항의 직렬연결

- 저항이 커진다. -

 전기 회로를 꾸미는데 3kΩ과 6kΩ의 저항 두 개를 직렬 연결 하여 사용하면 합성 저항은 몇 kΩ이 될까?

❶ 2kΩ
❷ 3kΩ
❸ 6kΩ
❹ 9kΩ

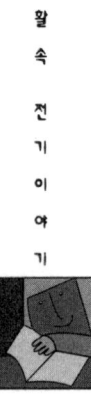

두 개 이상의 저항을 연결할 때 아래의 그림과 같이 한 저항의 출구에 다른 저항의 입구를 일렬로 연결하는 것을 직렬연결이라 한다. 저항을 열차와 같이 끝과 끝을 차례로 연결하는 방식이다.

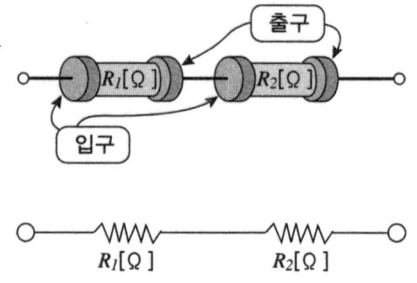

직렬연결시 전원에서 나오는 전류는 저항 R_1 과 R_2를 지나 다시 전원으로 들어간다. 다시 말하면 전원에서 나온 전류는 갈라짐 없이 같은 도선을 따라 첫 번째 저항 R_1을 지나간 전류는 같은 크기로 두 번째 저항 R_2를 지나간다.

직렬연결 회로에서 여러 개의 저항을 하나로 대체할 수 있는 합성저항을 구해보자. 전류가 흐르는 도선에 있어서 전하는 어느 한

저항의 직렬연결

곳에 축적되지 않으므로 각 저항에 는 같은 양의 전하가 통과하므로 똑같은 전류 I가 흐르게 된다.

첫 번째 저항 R_1에 걸리는 전압을 V_1이라 하고 두 번째 저항 R_2에 걸리는 전압을 V_2라 하면 점 a와 b사이의 전압차가 V이면 같은 높이인 점 c와 d의 전압차도 V이어야 한다. 그런데 점 c와 d사이에는 전압은 V_1과 V_2가 있기 때문에 전체 전압 V는 각 저항의 전압 V_1과 V_2의 합과 같다. 그러므로 전체 전압 V는

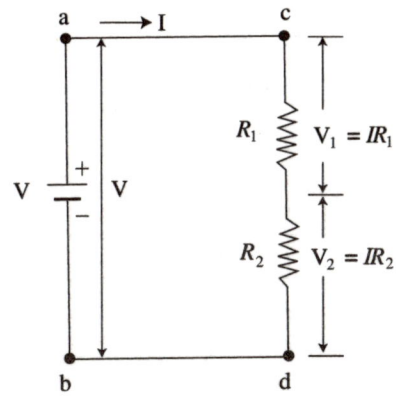

$$V = V_1 + V_2$$

이다. 첫 번째 저항과 두 번째 저항에서의 전압 강하는 각

$$V_1 = I_1R_1 = IR_1$$
$$V_2 = I_2R_2 = IR_2$$

이므로 전체 전압 V는

$$V = V_1 + V_2 = I(R_1 + R_2)$$

이다. 따라서 합성 저항 R_{eq}는

$$R_{eq} = \frac{V}{I} = \frac{I(R_1 + R_2)}{I} = R_1 + R_2$$

이다. 직렬연결에 의한 합성 저항은 원래의 저항들의 합이다. 즉 합성 저항은 커진다.

저항의 직렬연결

3kΩ과 6kΩ의 저항을 직렬연결하여 사용하면 9kΩ의 저항을 하나만을 사용한 것과 같다.

$$R_{eq} = R_1 + R_2 = 3\text{k}\Omega + 6\text{k}\Omega = 9\text{k}\Omega$$

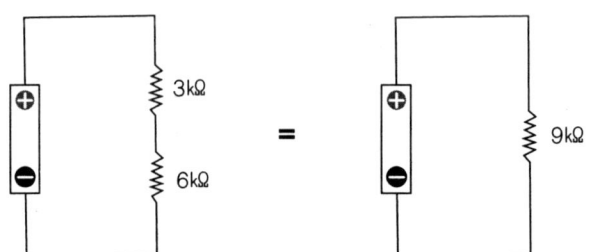

정 답 ④

 알아두기

■ 전류 측정법

 전류 측정에는 전류계(ammeter)가 사용된다. 전류계는 회로에 흐르는 전류의 세기를 측정하는 장치로 회로에 직렬 연결한다. 따라서 전류의 세기에 영향을 주지 않기 위해서 될 수 있는 대로 내부 저항이 작아야 한다. 구조는 영구 자석에 의한 자기장 속에서 회전하게 되어 있는 가동 코일에 전류가 흐르면 가동 코일이 힘을 받아 회전할 때 회전축에 연결된 바늘이 전류의 값을 가리킨다.

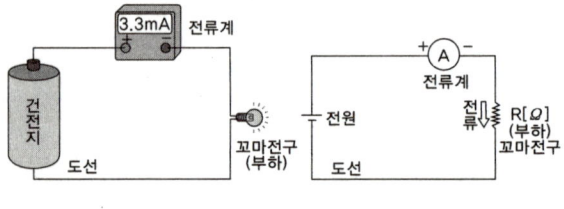

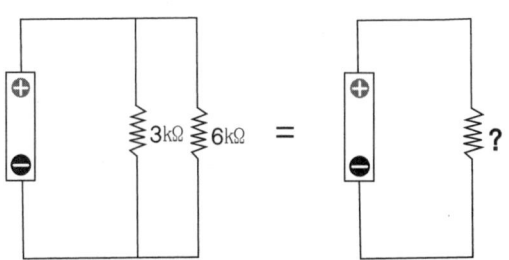

44. 저항의 병렬연결

- 저항이 작아진다. -

 전기 회로를 꾸미는데 3kΩ과 6kΩ의 저항 두 개를 병렬 연결하여 사용하면 합성 저항은 몇 kΩ이 될까?

❶ 2kΩ
❷ 3kΩ
❸ 6kΩ
❹ 9kΩ

두 개 이상의 저항을 연결할 때 아래의 그림과 같이 저항의 입구는 입구끼리 출구는 출구끼리 연결하는 것을 병렬연결이라 한다. 저항을 스키판과 같이 나란히 연결하는 방식이다.

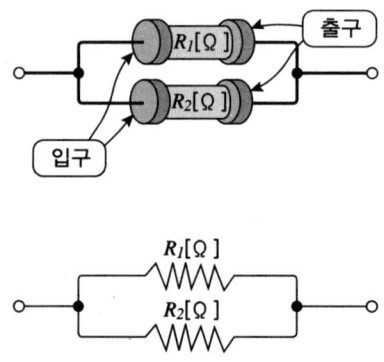

병렬연결의 합성 저항을 구해보자. 병렬연결의 첫 번째 저항을 R_1, 두 번째 저항을 R_2라고 할 때 R_1에 흐르는 전류를 I_1, R_2에 흐르는 전류를 I_2라 하자. 점 a와 b사이의 전압차가 V이므로 같은 높이인 점 c와 d사이의 전압도 V이어야 한다. 즉 두 저항의 양단은 도선으로 연결되어 있어 각 저항에 걸리는 전압은 전체 전압과 같다(전압 일정). 전원에서 나오는 전

저항의 병렬연결

류는 I는 분기점 e에서 갈라져 저항 R_1과 R_2를 지나 다시 전원으로 들어간다. 전류는 저항 R_1을 통과하는 전류 I_1과 저항 R_2을 통과하는 전류 I_2의 두 부분으로 나누어진다. 즉 전체 전류 I는 각각의 저항에 흐르는 전류 I_1과 I_2의 합과 같다. 그러므로 전체 전류 I는

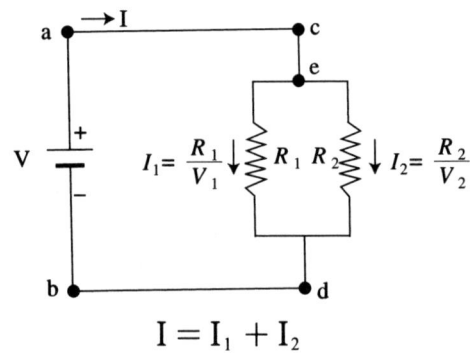

$$I = I_1 + I_2$$

이다. 저항 R_1과 R_2에 각각 흐르는 전류는

$$I_1 = \frac{V_1}{R_1} = \frac{V}{R_1}$$

$$I_2 = \frac{V_2}{R_2} = \frac{V}{R_2}$$

이므로 전체 전류 I는

$$I = I_1 + I_2 = V\left(\frac{1}{R_1} + \frac{1}{R_2}\right)$$

이므로 두 저항이 병렬연결 되었을 때 합성저항은

이고
$$R_{eq} = \frac{V}{I} = \frac{1}{\left(\frac{1}{R_1} + \frac{1}{R_2}\right)}$$

$$\frac{1}{R_{eq}} = \frac{1}{R_1} + \frac{1}{R_2}$$

로 주어진다. 병렬저항에 의한 합성 저항은 원래의 저항의 값보다 작아진다. 즉 합성 저항은 작아진다. $3k\Omega$과 $6k\Omega$의 저항을 병렬연결 하여 사용하면 2kΩ의 저항을 하나만을 사용한 것과 같다.

$$\frac{1}{R_{eq}} = \frac{1}{R_1} + \frac{1}{R_2} = \frac{1}{3k\Omega} + \frac{1}{6k\Omega} = \frac{3}{6k\Omega}$$

$$R_{eq} = 2k\Omega$$

저항이 3kΩ과 6kΩ의 두 종류만 있을 때 전자 회로를 꾸미는데 2kΩ의 저항이 필요할 경우 두 저항을 병렬연결 하여 사용하면 된다.

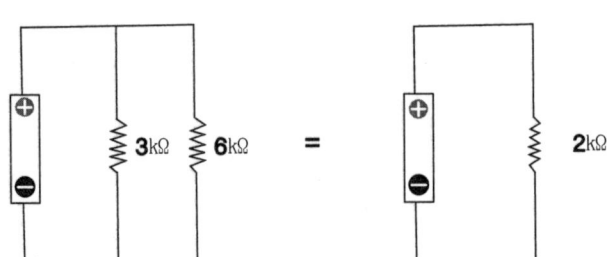

■ 저항 측정법

저항 측정에는 저항계(ohmmeter)가 사용된다.

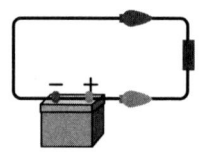

계기의 손상을 방지하고 정확한 측정을 위하여 저항을 분리한다.

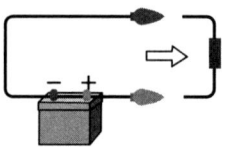

저항을 측정한다.

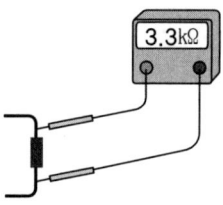

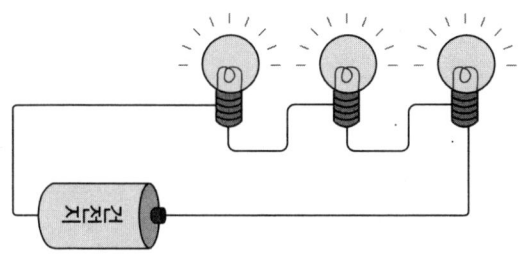

45. 전구의 직렬 연결

- 전구 하나가 끊어지면? -

여러 개의 소형 전구를 직렬로 연결한 회로에서 어느 한 전구의 필라멘트가 끊어졌다. 이 때 다른 전구들은 여전히 밝게 빛나고 있겠는가?

❶ 밝게 빛나고 있다.
❷ 모든 전구는 꺼진다.
❸ 꺼진 전구도 있고 밝게 빛나는 전구도 있다.

생활속 전기이야기

저항을 직렬로 연결하면 전원의 (+)극에서 나온 전류는 하나로 연결된 회로를 통하여 (-)들으로 들어간다. 즉 전류는 건전지의 (+)극으로부터 흘러나와 전구들을 통하여 (-)극으로 들어감으로서 유지된다. 이와 같이 전류의 흐름은 하나의 경로로만 연결된다.

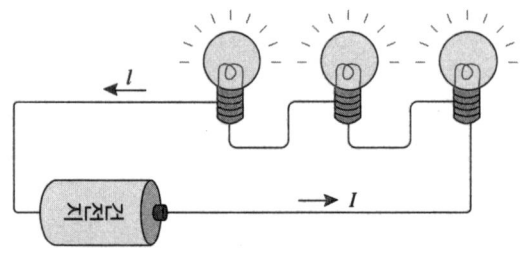

직렬로 연결한 여러 개의 전구 중에 하나의 전구의 필라멘트가 하나라도 끊어지면 회로가 차단되어 전류가 흐르지 않는다. 따라서 모든 전구가 꺼진다.

정답 ②

46. 직렬연결의 밝기는
- 전구를 하나 더 연결하면 밝기는? -

두 개의 같은 전구를 건전지에 직렬로 연결하였다. 이 직렬연결에서 같은 전구를 한 개 더 직렬로 연결하면 각 전구의 밝기는 어떻게 변화하겠는가?

❶ 밝기는 줄어든다.
❷ 밝기는 더 밝아진다.
❸ 밝기는 똑같다.

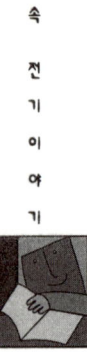

두 개 이상의 저항을 직렬로 연결하였을 때 합성 저항은 각 저항의 합과 같다. 따라서 합성 저항은 증가한다.

$$R = R_1 + R_2 + R_3 + \cdots$$

회로에 흐르는 전류는 옴의 법칙에 의해 전압이 일정하면 전류와 저항은 반비례한다. 즉 저항이 2배로 되면 도선에 흐르는 전류는 1/2로 감소하고 저항이 3배로 되면 전류는 1/3로 감소한다.

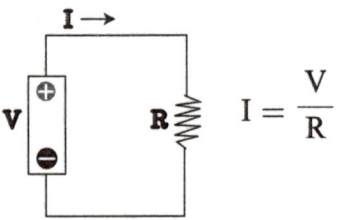

$$I = \frac{V}{R}$$

두 개의 같은 전구가 건전지에 직렬로 연결된 회로에 같은 전구를 한 개 더 직렬로 연결하는 경우이므로 흐르는 전류는 일정하다. 또한 같은 전구 두 개를 직렬로 연결하면 합성 저항은 2R이 되고 같은 전구 세 개를 직렬로 연결하면 합성 저항은 3R이 된다. 따라서 직렬 연결에서 같은 전구를 연결하면 할수록 회로 전체의 저항이 연결한 저항의 수만큼 커진다.

옴의 법칙에 따라면 전압이 일정한 경우 회로의 흐르는 전류는 저항에 비례하므로 전구를 연결한 개수만큼 회로의 전류를 감소시킨다. 따라서 각 전구의 밝기는 더 어두워진다.

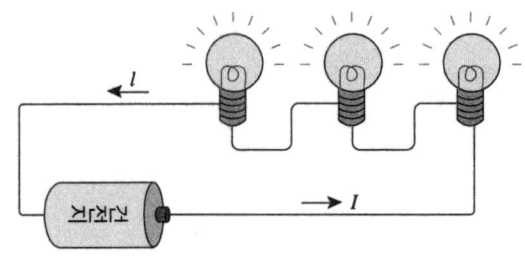

만일 두개 이상의 전구를 직렬 연결할여 사용하면서도 밝은 빛을 원한다면 더 많은 건전지를 직렬로 연결하여 전압을 높여야 한다.

정 답 ①

■ 전압 측정법

전압 측정에는 전압계(voltmeter)가 사용된다. 전압을 측정하기 위해서는 측정하려는 소자 양단에 전압계를 연결한다. 전압 측정은 병렬연결이다 측정기의 (-)단자는 회로의 (-)에, (+)단자는 회로의 (+)에 연결을 하여야 한다.

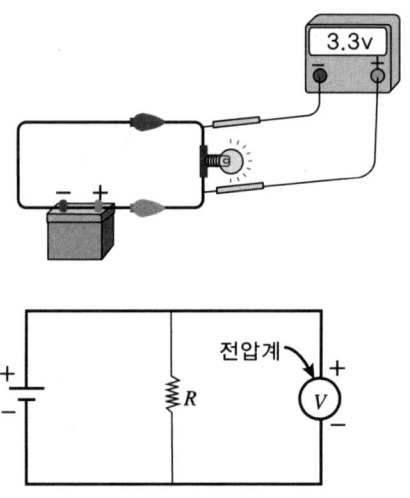

전압계는 부하에 걸리는 전압(단자 전압)을 측정하는 장치로 회로에 병렬 연결한다. 따라서 내부 저항이 클수록 좋다. 이 세 가지를 합쳐서 멀티미터(multimeter)라고 하며 스위치를 선택하여 측정할 수 있다.

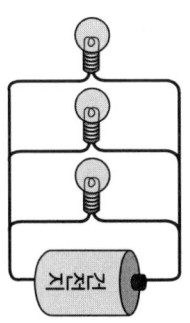

47. 전구의 병렬연결
- 전구 하나가 끊어지면? -

 여러 개의 소형 전구를 병렬로 연결한 회로에서 어느 한 전구의 필라멘트가 끊어졌다면 다른 전구들은 여전히 밝게 빛나고 있겠는가?

❶ 밝게 빛나고 있다.
❷ 모든 전구는 꺼진다.
❸ 꺼진 전구도 있고 밝게 빛나는 전구도 있다.

생활 속 전기 이야기

전원의 (+)극에서 흘러나온 전류는 전구의 필라멘트를 통과하여 (−)극으로 돌아온다. 그런데 저항을 병렬로 연결하면 전원의 (+)극에서 나온 전류는 각 저항으로 나누어져 통과한다. 이와 같이 전류의 흐름은 다른 경로의 전류의 흐름을 방해하지 않는다.

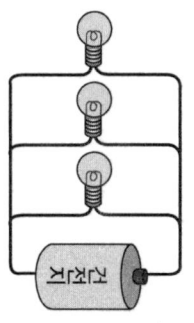

병렬로 연결한 여러 개의 전구 중에 하나의 전구의 필라멘트가 하나가 끊어지더라도 다른 전구에는 아무런 영향을 미치지 않는다. 따라서 다른 전구는 여전히 밝게 빛나고 있다.

정답 ①

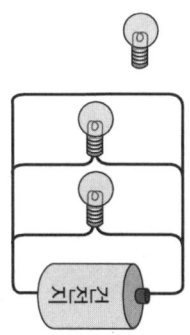

48. 병렬연결의 밝기는
- 전구를 하나더 연결하면 밝기는? -

두 개의 같은 전구를 건전지에 병렬로 연결하였다. 이 병렬연결에서 같은 전구를 한 개 더 병렬로 연결하면 각 전구의 밝기는 어떻게 변화하겠는가?

❶ 밝기는 줄어든다.
❷ 밝기는 더 밝아진다.
❸ 밝기는 똑같다.

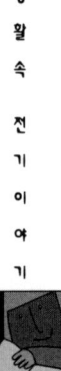

두 개 이상의 저항을 병렬 연결하면 합성 저항의 역수는 각 저항의 역수와 같다. 따라서 합성 저항은 작아진다.

$$\frac{1}{R} = \frac{1}{R_1} + \frac{1}{R_2} + \frac{1}{R_2} + \cdots$$

회로에 흐르는 전류는 옴의 법칙에 의해 전압이 일정하면 전류와 저항은 반비례한다. 즉 저항이 1/2로 되면 도선에 흐르는 전류는 2배로 증가하고, 저항이 1/3로 되면 전류는 3배가 된다.

같은 전구 두 개를 병렬로 연결하면 합성 저항은 R/2이 되고 같은 전구 세 개를 병렬로 연결하면 합성 저항은 R/3이 된다. 따라서 병렬 연결에서 같은 전구를 연결하면 할수록 회로 전체의 저항은 연결한 저항의 수만큼 작아진다.

옴의 법칙에 따라면 전압이 일정한 경우 회

병렬연결의 밝기는

로의 흐르는 총 전류는 총 저항에 비례하므로 전구를 연결한 수만큼 회로에 흐르는 총 전류는 증가하다. 그러나 증가한 전체 전류가 분기점에서 각 전구로 갈라진다. 즉 전류의 증가는 새로 연결시킨 전구에 흐르는 양이므로 각각의 전구에 흐르는 전류는 변화하지 않는다. 따라서 전구의 밝기에는 아무런 영향이 없다.

정답 ③

■ 백열전구

백열 전구는 형광등과 같이 대표적인 조명 기구이다. 보통 전구라 하면 백열 전구를 말한다. 수명은 1000~1500시간이다. 와트수가 작은 쪽이 오래간다.

빛을 내는 원리는 간단하다. 필라멘트에 전류가 흐르면 열이 발생하고 온도가 높아지면서 빛을 낸다. 고온 필라멘트 자체는 증발하므로 증발을 막기 위해 전구 내에는 알곤(Ar) 기체 등 비활성 기체를 넣는다. 또한 필라멘트도 열의 손상을 막기 위해 이중으로 만든다. 그래도 쓰고 있는 동안 조금씩 증발하여 마지막에는 단선되어 버린다. 필라멘트는 바닥에 있는 금속과 옆면의 금속에 각각 연결되어 있다.

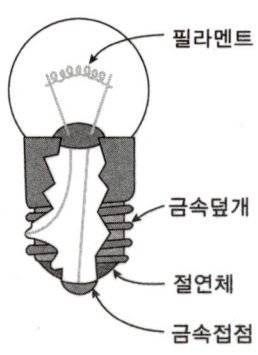

49. 감전의 원인

- 감전이 일어나는 원인은? -

감전이란 일반적으로 사람, 동물등과 같이 감각 기관을 가진 생물의 몸에 전기가 흐르는 것을 말한다. 감전 사고는 무엇에 의하여 일어나는가?

❶ 전류
❷ 전압
❸ 둘 다.

생활속 전기이야기

전기 감전은 체내에 전기가 흐를 때 발생하므로 전류가 흐르지 않으면 감전도 없다. 따라서 ①번이 정답이라고 볼 수도 있다.

전류는 자유 전자의 흐름이다. 따라서 전자가 도체 속에서 이동할 때 전류가 흐른다고 한다. 전류는 (+)극에서 (-)극으로 흐른다. 즉 전류는 전위가 높은 곳에서 낮은 곳으로 흐른다. 전압 차이가 있어야만 전류가 흐른다. 전류를 흐르게 하는 능력을 전압이라 한다. 따라서 ②번이 정답이라고 볼 수도 있다.

감전의 원인은 주어진 전압과 그에 따라 흐르는 전류가 원인이 된다. 따라서 ③번이 정답이다.

감전사고는 몸이 조직을 파열시켜서 정상적인 신경을 파괴한다. 심하면 호흡 중추 신경을 건드린다. 감전 사고를 당한 사람을 구조할 때는 구조하는 사람이 감전되는 것을 막기 위하여 마른 나무 막대 같은 절연체로 감전된 사람으로부터 전선을 떼어 내어야 한다. 그 후에 인공호흡을 실시한다.

정답 ③

50. 감전사고

- 젖은 손이 더 감전되기 쉽다. -

누전되고 있는 가전 제품이나 콘센트 플러그 등이 몸에 닿으면 몸을 통하여 전류가 지면에 흘러 감전된다. 찌릿한 정도면 몰라도 때로는 생명을 잃을 수도 있다. 그렇다면 마른 손이나 젖은 손 중에 어떤 손이 감전되기가 더 쉬운가?

❶ 마른 손
❷ 젖은 손
❸ 똑같다.

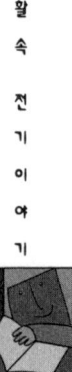

　순수한 물은 부도체이다. 즉 전기를 통과시키지 않는다. 그러나 여기에 수금이나 식초, 염산과 같은 전해질을 넣으면 전기를 잘 통과시킬 수 있다. 사람의 피부는 건조한 상태이거나 그 표면에 얇은 기름 같은 것이 발라져 있을 때는 비교적 저항이 커서 웬만큼 전압이 높지 않고는 전류가 크게 흐르지 못한다. 그러나 염분이 녹은 물이 피부에 묻어 있을 때의 피부 상태는 저항이 급격히 낮아져서 도체에 가깝게 된다. 이것이 감전을 경험하게 되는 이유다.

　보통 건조한 사람의 피부 저항은 R=100000Ω이나 되지만 젖은 사람의 피부 저항은 R=1000Ω 정도 밖에 되지 않는다. 만약 사람에게 12V(자동차의 배터리 전압)의 전압이 걸리면 건조한 상태에서 몸에 흐르는 전류의 크기는

$$I = \frac{V}{R} = \frac{12V}{100000Ω} = 0.12mA$$

로 이 정도의 전류는 거의 느낌이 없다. 그러나 피부가 젖은 상태에서 12V의 전압이 걸리면 몸에 흐르는 전류의 크기는

$$I = \frac{V}{R} = \frac{12V}{1000\Omega} = 12mA$$

이다. 이 정도의 전류는 손가락으로 스치듯이 만지기만 해도 어깨의 근육이 수축되는 느낌을 받는다(저자가 학생 때 실수로 직접 만져본 전류의 크기이다. 여러분들은 절대로 실수로라도 이와 같은 경험을 해서는 안됩니다).
 몸에 전류가 70mA이상 흐르면 생명이 위태롭게 된다. 샤워를 한 후 젖은 손으로 110V 또는 220V에 전원에 연결된 드라이기와 같은 전기 기구를 만지는 경우는 매우 위험하다.

생활 속 전기이야기

전류의 크기는 전압과 저항의 크기에 따라 다르다. 사람의 저항은 몸의 밀도, 피부 습도, 전기에 접촉한 부분 등과 같은 여러 가지 요인에 따라 다르다. 따라서 사람의 몸에 흐르는 전류의 크기도 사람의 조건 따라 다르다.

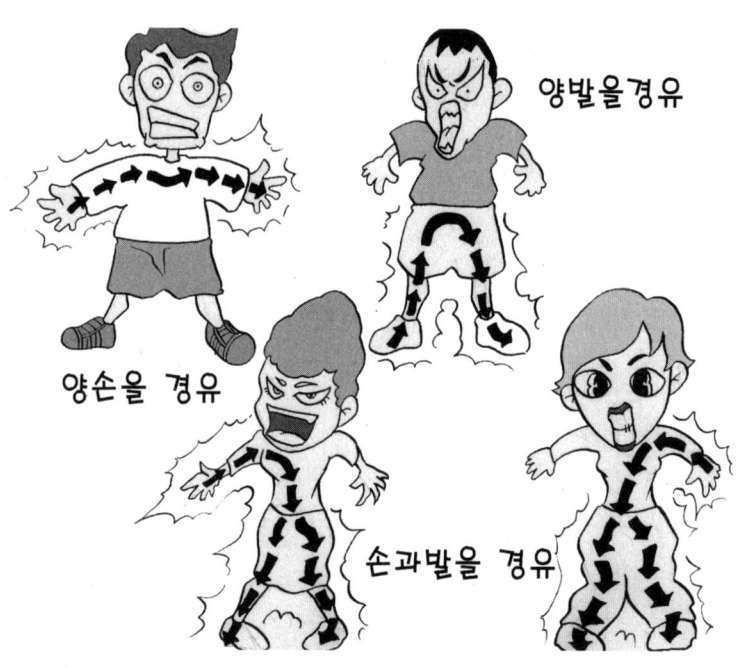

정답 ②

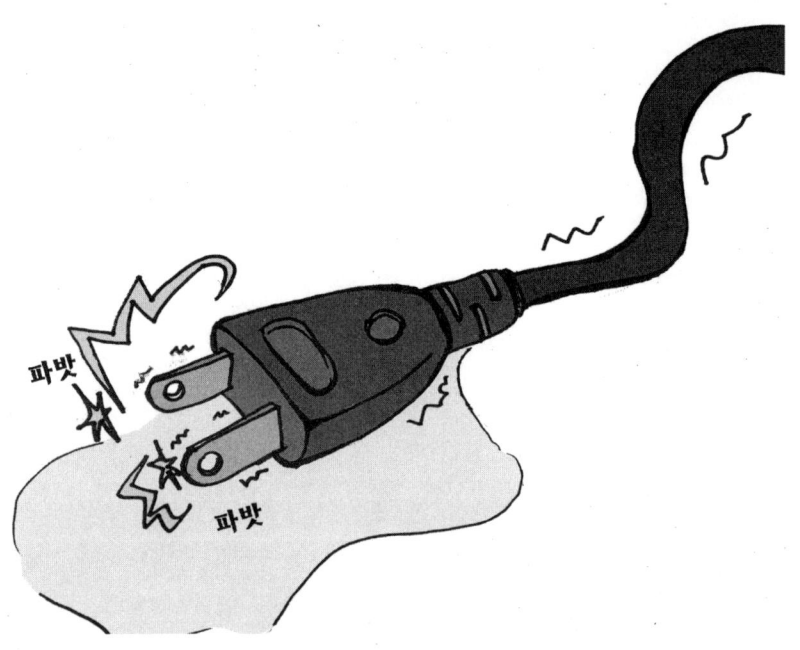

51. 새는 전류

- 누전이란 무엇인가? -

 전기가 통과하지 않는 곳에서도 전기가 새어나와 감전이나 화재 등이 일어날 위험이 있다. 이와 같은 현상을 무엇이라고 하는가?

❶ 감전
❷ 누전
❸ 단락

생활속 전기이야기

누전이란 말 그대로 전기가 새는 것이다. 절연체는 전기가 통과하지 않지만 고온일 때 단단하게 결합한 절연체의 전자가 움직이기 시작하여 자유전자로가 되는 경우가 있다. 그래서 일반적으로 전기가 통과하지 않는 곳에서도 전기가 새어나와 감전이나 화재 등이 일어날 위험이 있다. 세탁기 등 물을 자주 사용하는 제품에서 절연체 기능이 나빠지면 누전이 일어난다. 누전되고 있는 전기제품이나 콘센트 플러그에 등에 몸이 닿으면 몸을 통하여 전류가 지면에 흘러 감전된다. 그런 위험을 피하기 위해서 접지가 필요하지만 만일 누전된 경우 빨리 대처하는 것이 중요하며 누전에 대비한 기구로 누전 차단기가 있다. 누전 차단기는 가정의 전기 설비나 기구에서 누전이 일어날 때 작동한다. 전기 제품으로부터 뻗어 나온 배선은 배선용 차단기를 통하여 이 누전 차단기에 연결된다. 누전 차단기는 어디에선가 누전되고 있으면 0.1초 이내에 자동적으로 전기를 끊는다. 누전이 되었을 때에 자동적으로 전기를 끊는 누전 차단기가 부착된 콘센트도 있다.

정답 ②

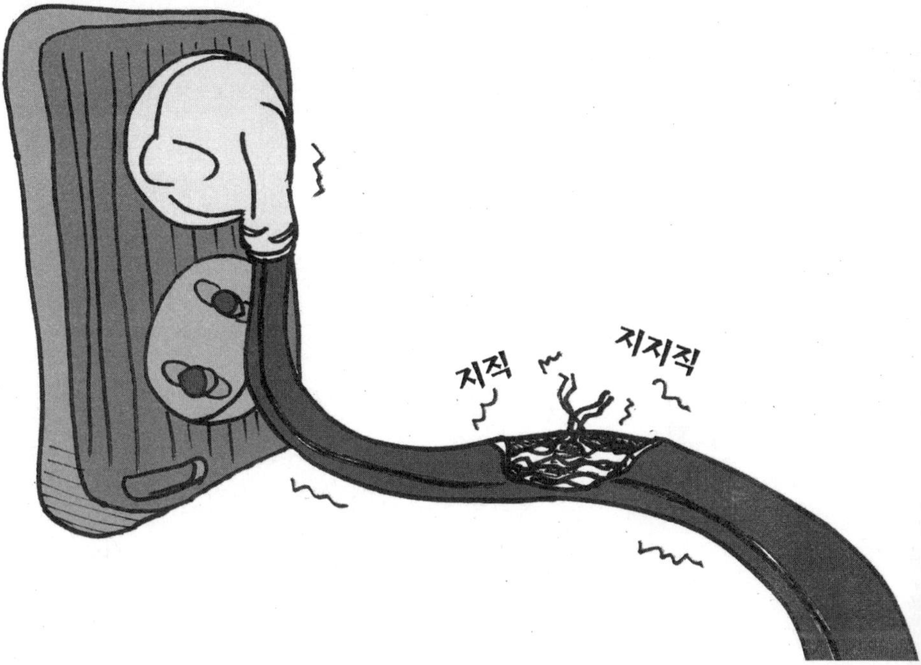

52. 강한 전류

- 단락이란 무엇인가? -

 전류가 정상적인 길 이외에 편안히 통할 수 있는 길이 있으면 전류는 그 지름길로 흘러 버린다. 이렇게 되면 한꺼번에 강한 전류가 흐르게 된다. 이와 같은 현상을 무엇이라고 하는가?

❶ 감전
❷ 누전
❸ 단락

생활속 전기이야기

단락은 쇼트라고 하며 영어로 short circuit 이다. 전기 회로를 생각할 때 (+)극에서 나간 전류는 전구 등의 저항을 지나서 흐르는 것이 정상이다. 그러나 그 정상적인 길 이외에 편안히 통할 수 있는 길이 있으면 전기는 그 지름길로 흘러 버린다. 이렇게 되면 한꺼번에 강한 전류가 흐르게 된다. 흐를 수 있는 양 이상의 전류가 한꺼번에 흐르므로 불꽃이 튀고 열을 발생하기도 하며 대단히 위험하다.

코드 내에서 절연 커버가 찢어져 있을 때나 플러그 접속 부분 등에 도선이 끊어져 있을 때 이러한 단락이 일어나가 쉽다. 단락이 일어나면 큰 전류가 흐르게 되어 화재 사고가 일어날 수 있는데 일정 한도보다 큰 전류가 흐르게 되면 차단기가 떨어지거나 퓨즈가 끊어져서 미리 대비한다.

직류의 경우 건전지의 (+)와 (−)사이에 도선만을 연결하고 도중에 저항기라든가 전구 등을 연결하지 않으면 단번에 큰 전류가 흐르게 된다. 이것도 단락이다. 정상적인 연결 방법이 아니므로 사고가 날 수도 있다.

정답 ③

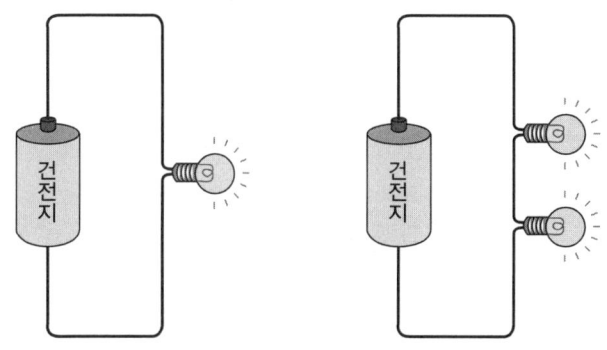

53. 전구의 전력 - I

- 직렬연결 시 소비 전력 -

같은 전구 2개를 직렬연결 했을 때 전체에서 소비되는 전력은 한 개만의 전구를 연결하여 사용할 때 소비 전력의?

❶ 1/4
❷ 1/2
❸ 같다
❹ 2배
❺ 4배

전기 에너지가 빛, 열, 동력으로 변환되어 일을 할 때 전기 에너지가 1초 동안에 한 일의 능력을 전력이라고 한다. 전기 회로에서 건전지에 의해 공급되는 전력은 저항에서 열로 소비되는 전력과 같다. 따라서 전력을 소비 전력이라고도 한다.

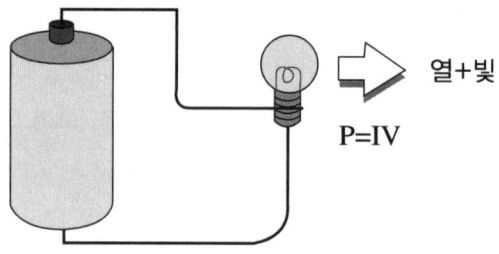

같은 전구 2개를 직렬로 연결하면 저항이 2배로 커지기 때문에 한 개만을 사용했을 때보다 흐르는 전류는 1/2이 된다. 따라서 전체에서 소비되는 전력은 한 개만을 연결하여 사용할 때의 1/2이다. 그리고 같은 전구 2개를 직렬로 연결 했을 때 각각 한 개에서 소비되는 전력은 한 개만의 전구를 연결해서 사용할 때의 1/4이다.

정답 ②

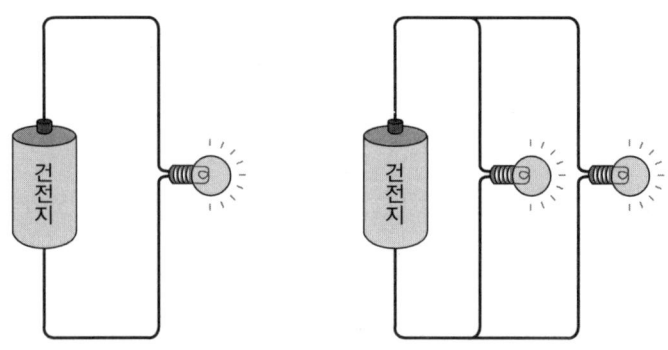

54. 전구의 전력 - II

- 병렬연결 시 소비 전력 -

같은 전구 2개를 병렬 연결 했을 때 전체에서 소비되는 전력은 한 개만의 전구를 연결하여 사용할 때 소비 전력의?

❶ 1/4
❷ 1/2
❸ 같다
❹ 2배
❺ 4배

　같은 전구 2개를 병렬로 연결하면 저항이 1/2로 작아지기 때문에 한 개만을 사용했을 때보다 흐르는 전류는 2배가된다. 따라서 같은 전구 2개를 병렬로 연결 했을 때 전체에서 소비되는 전력은 한 개만을 연결하여 사용할 때의 2배이다. 같은 전구 2개를 병렬로 연결 했을 때 각각 한 개에서 소비되는 전력은 한 개만의 전구를 연결해서 사용할 때와 같다.

　전구를 병렬 연결하면 걸리는 전압의 크기가 같으므로 소비되는 전력 $P=V^2/R$은 저항이 작은 쪽에서 전력 소모가 많다. 따라서 소모되는 전력의 비는 저항의 역수의 비와 같다. 또한 소비되는 전력이 많을 때 더 밝으므로 저항이 작은 전구 쪽이 더 밝다.

　전구를 직렬 연결하면 흐르는 전류의 크기가 같으므로 소비되는 전력 $P=I^2R$은 저항이 큰 쪽에서 전력 소모가 많다. 따라서 소모되는 전력의 비는 저항의 비와 같다. 또한 소비되는 전력이 많을 때 더 밝으므로 저항이 큰 전구 쪽이 더 밝다.

정답 ④

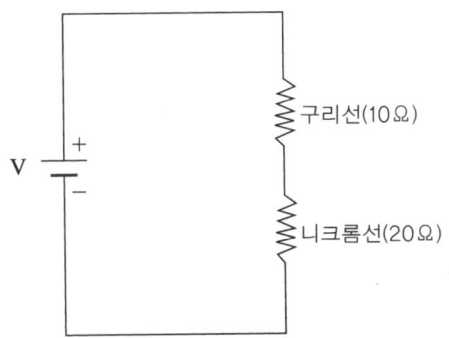

55. 전류의 열작용 - I

- 저항의 직렬연결과 열 -

저항이 작은 구리 도선과 저항이 큰 니크롬 도선을 직렬로 연결하였다. 니크롬선과 구리선 중 어느 선에 더 열이 발생하겠는가?

❶ 구리선
❷ 니크롬선
❸ 같다.

생활 속 전기 이야기

저항을 직렬 연결하면 전원에서 나온 전류는 도선을 따라서 흐르기 때문에 각각의 저항에 같은 전류가 흐른다. 따라서 전류가 일정하게 흐른다.

같은 세기의 전류가 흐르게 때문에 저항이 큰 물질의 원자들과 전자들의 충돌이 잘 일어난다. 이 충돌에 의해 온도가 빨리 올라간다.

저항이 큰 니크롬선과 저항이 작은 구리 도선을 직렬로 연결하여 전류를 흐르게 하면 저항이 큰 니크롬선에서 열이 많이 발생한다. 전기밥솥, 전기 포트, 전기난로 등은 니크롬선을 이용하여 필요한 곳에서 열이 발생하도록 한 것이다.

정답 ②

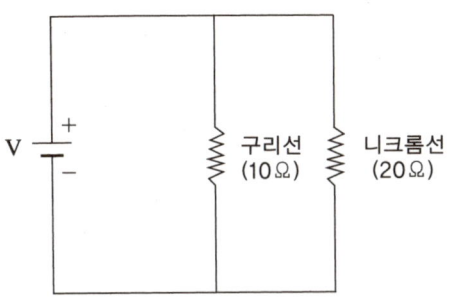

56. 전류의 열작용 - II

- 저항의 병렬연결과 열 -

저항이 작은 구리 도선과 저항이 큰 니크롬 도선을 병렬로 연결하였다. 구리선과 니크롬선 중 어느 선에 더 열이 발생하겠는가?

❶ 구리선
❷ 니크롬선
❸ 같다.

생활속 전기이야기

　두개의 저항을 병렬 연결하면 각 저항에 걸리는 전압이 일정하다. 같은 전압에서 전류는 저항이 작은 쪽에서 더 많이 흐른다.
　전류가 많이 흐르면 도선 내의 원자들과 전자들의 충돌이 많이 일어나 이 충돌 때문에 온도가 빨리 올라간다. 따라서 저항이 작은 쪽에서 열이 더 많이 발생한다.
　저항이 큰 니크롬선과 저항이 작은 구리 도선을 병렬로 연결하여 전류를 흐르게 하면 저항이 작은 구리선에서 열이 많이 발생한다. 가정에 있는 모든 전기 제품은 병렬로 연결되어 있다. 열이 많이 발생하는 전기 제품이 저항값이 작다.

정답 ①

57. 전기와 전자

- 전기를 쓴다는 것은? -

가정에서 전기 제품을 사용할 때 전기를 쓴다고 한다. 그렇다면 전기를 쓴다고 것은 전기 제품이 무엇을 쓴 것인가?

① 전자
② 에너지

　전류가 흐를 때 전자들이 서로 부닥쳐 밀리면서 도선을 따라 이동하는 것이 아니다. 도체내의 전자는 자유롭게 움직일 수 있으며 전자들이 받는 전기장의 영향에 의하여 가속되는 것이지 충돌에 의하여 가속되는 것은 아니다. 전기 회로에서 전체의 전자들은 전기장에 의하여 동시에 반응을 한다.

　교류 회로에서 전도 전자는 전혀 이동하지 않는다. 전자들은 고정된 위치에서 앞뒤로 진동만 할 뿐이다. 가정의 전원은 교류이다. 따라서 교류에서는 전자는 도선을 따라 흐르지 않고 다만 고정된 위치에서 아래위로 진동할 뿐이다. 전기 제품의 코드를 콘센트에 꼽으면 콘센트로부터 전자가 흘러나오는 것이 아니고 에너지가 흘러나오는 것이다. 에너지는 전기장에 의하여 이동되고 이것이 전구의 필라멘트에 있는 전자를 진동시킨다. 이러한 전기 에너지의 대부분은 열로 변환되고 일부분이 빛의 형태로 된다.

　전기 제품을 사용할 때 전기를 쓴다고 것은 전기 제품이 전기 에너지를 쓴다는 것이다. 전기 요금은 전자를 쓴 것이 아니고 에너지를 쓴 것이다.

정답　②

직렬연결   병렬연결

58. 가정의 전기 제품

- 가정의 전기 제품은 어떤 연결로 사용할까? -

 가정에서 전기 제품을 사용할 때 직렬로 연결하여 사용할까? 또는 병렬로 연결하여 사용할까?

❶ 직렬연결
❷ 병렬연결

생활속 전기이야기

전자가 흐르는 모든 길을 전기 회로라고 한다. 전자가 연속적으로 흐르기 위해서는 전기 회로가 이어져 있어야 한다(닫힌 회로). 대부분의 전기 회로에는 전기 에너지를 받는 전기 소자가 한개 이상 있다. 전기 소자는 전기 회로 내에서 직렬연결 또는 병렬연결 되어있다. 직렬로 연결되어 있을 때는 건전지나 발전기 또는 벽의 콘센트로부터 전자의 흐름이 하나의 길로 연결된다. 병렬연결은 각각 다른 길을 만들고 전자는 각각 다른 통로로 흐른다. 연결 방법에 따라 서로 다른 특성을 나타낸다.

세 개의 전구가 건전지와 직렬로 연결되어 있으면 전류는 건전지의 (+)극으로부터 흘러나와 전구들을 통하여 (-)극으로 들어간다. 이러한 경로만이 전자가 회로를 통과하는 길이다. 전구 중의 하나의 필라멘트가 끊어지면 전자의 흐름은 멈춘다(열린회로). 직렬연결의 단점은 전기 소자 중 하나가 고장나면 회로 전체가 작동하지 않는다는 것이다. 크리스마스 전구들이 직렬로 연결되어 있을 경우 전구 중의 하나가 끊어지면 전체의 전구에 불이 들어오지 않는다. 크리스마스 전구 다시 사용하기 위하여 끊어진 전구를 찾아 빼고 연결해야 한다. 그러나 어느 것이 끊어진 전구인가를 찾는데 밤을 꼬박 샐 것이다.

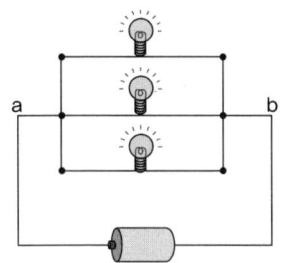

세 개의 전구가 건전지와 병렬로 연결되어 있으면 전류는 건전지의 (+)극으로부터 흘러나와 전구들을 통하여 (-)극으로 들어간다. 이 경우 전류는 a에서 b로 갈 때 세 개의 분리된 모든 경로를 통과한다. 따라서 이들 중 한 경로가 끊어지더라도 다른 경로의 전류 흐름을 방해하

생활속 전기이야기

지 않기 때문에 각 전구는 서로 독립적으로 작동한다.

  대부분의 회로는 서로 무관하게 작동할 수 있도록 연결되어 있다. 가정에서 다른 전기 제품에 영향을 주지 않고 한 전구를 독립적으로 켜고 끄고 할 수 있다. 이것은 이러한 전기 제품들이 직렬로 연결되지 않고 병렬로 연결되어 있기 때문이다.

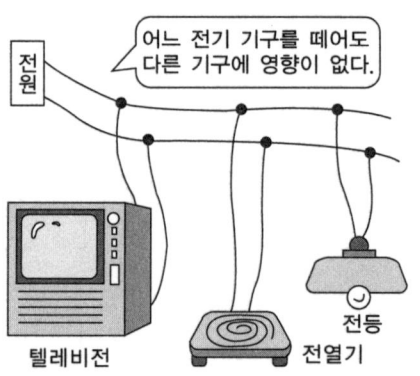

정답 ②

59. 지구라는 자석
- 지구의 북쪽은 무슨 극일까? -

 지구는 거대한 자석으로 된 행성이다. 그렇다면 지구의 북쪽은 자석의 어느 극에 해당할까?

❶ N극
❷ S극

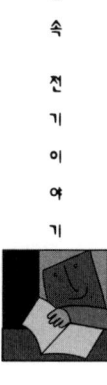

생활속 전기이야기

지표면에서 나침판의 바늘의 N극은 항상 북쪽을 가리킨다. 따라서 지구의 북쪽은 S극이다. 나침판의 바늘은 가느다란 자침으로 자유롭게 회전하도록 만들어져 있고 지구의 북극을 향하도록 만들어진 바늘의 끝을 N극이라고 하고 다른 쪽의 바늘을 S극이라고 한다.

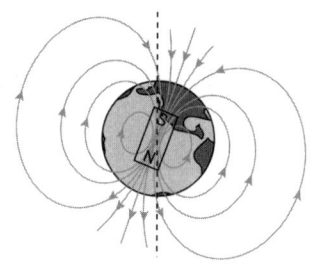

이와 같은 이유에서 자석을 끝을 N극과 S극로 표현한다. 두개의 자석을 가까이 가져오면 서로 힘을 작용한다. 같은 종류의 극 사이에는 밀치는 힘(척력)이 작용하고 다른 종류의 극 사이에는 당기는 힘(인력)이 작용한다.

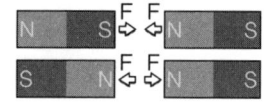

정답 ②

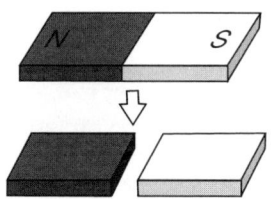

60. 자석의 분리

- 전하와 같이 나눌 수 없다. -

 전하는 양전하와 음전하가 있고 이 전하들은 (+)와 (−)로 분리가 가능하다. 막대자석에도 N극과 S극이 있다. 막대자석을 자르면 N극과 S극을 분리할 수 있는가?

❶ 분리할 수 있다.
❷ 분리할 수 없다.

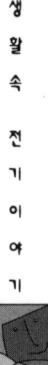

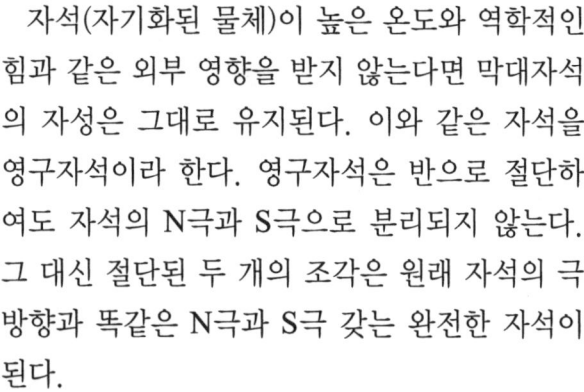

자석(자기화된 물체)이 높은 온도와 역학적인 힘과 같은 외부 영향을 받지 않는다면 막대자석의 자성은 그대로 유지된다. 이와 같은 자석을 영구자석이라 한다. 영구자석은 반으로 절단하여도 자석의 N극과 S극으로 분리되지 않는다. 그 대신 절단된 두 개의 조각은 원래 자석의 극 방향과 똑같은 N극과 S극 갖는 완전한 자석이 된다.

막대자석을 그 이상의 여러 조각으로 절단하여도 자르기 전의 자석과 같은 방향으로 N극과 S극을 갖는다. 절단된 조각들도 완전한 자석이 된다. 즉 monopole이 존재하지 않는다.

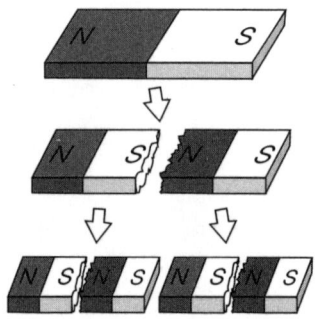

자석을 현미경로 조사하여 보면 자석은 자기영역이라고 부르는 철 원자들이 뭉쳐 있는 수많은 작은 결정들로 구성되어 있음을 알 수 있다. 각 영역은 개별적으로 자성을 띠고 있다. 자화된 철에 있어서 자기영역은 같은 방향으로 현저하게 정렬되어 있어서 막대의 전체적인 자성을 형성한다. 아래 그림과 같이 자화된 철에 있어서 각각의 자기영역들은 한 방향으로 정렬되어 있는데 이 방향이 N극이다.

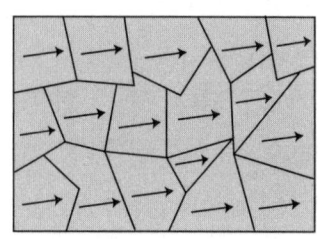

보통의 자기화(철을 잡아당기는 성질) 되지 않은 철에 있어서 자기영역이 제멋대로 임의의 방향을 향한 극을 가지고 분포되어 있으므로 영역 각각의 자성은 서로 상쇄되어 전체적

으로 철 막대는 자성을 띄지 않는다. 아래 그림과 같이 자기영역들이 제멋대로 향해 있으면 그 철은 자기화되어 있지 않다.

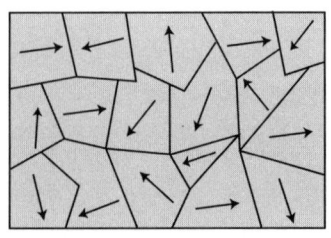

 자기화 되지 않은 철을 자석의 한 극으로 치거나 접촉시키면 철의 자기영역은 정렬되어 영구자석 막대가 된다. 한편 영구자석을 망치와 같은 물건으로 여러 번 치면 자석의 자기영역은 정렬 상태에서 벗어나 철은 자기 소거를 하게 된다. 또한 자석은 온도가 상승하면 정렬 방향을 잃게 된다. 약 770℃이상의 온도에서는 철은 자성을 잃는다.

정답 ②

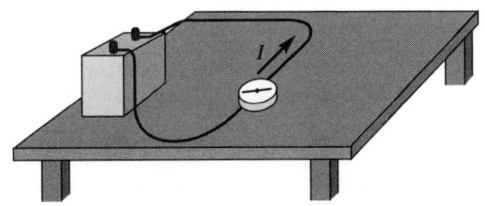

61. 전류가 흐르는 도선

- 전류와 자기장의 관계 -

전류가 흐르는 도선 근처에 나침반을 놓아두면 자침의 바늘이 움직인다. 전류가 흐르는 도선의 아래와 위에 나침판을 놓았을 때 두 자침의 방향은?

❶ 같은 방향
❷ 반대 방향
❸ 수직 방향

생활속 전기이야기

지구도 일종의 자석이기 때문에 지구 자기장에 의하여 나침판의 바늘의 N극은 북쪽을 가리킨다. 1820년 덴마크의 물리학자 에로스텟(Oersted, 1777~1851)은 전류가 자기장을 생성할 수 있음을 발견하였다. 전류가 흐르는 도선에 나침판의 자침을 가까이하면 자침이 움직인다. 이것을 보아 전류가 흐르는 도선 주위에는 자기장이 생기는 것을 알 수 있다.

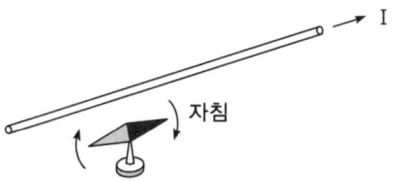

이 때 생기는 자기장의 방향은 오른 나사의 법칙으로 구한다. 도선에 흐르는 전류의 방향을 오른 나사의 진행 방향으로 잡을 때 나사의 회전 방향이 자기장의 방향이다. 또는 오른손의 엄지 손가락의 방향을 전류의 방향에 맞추어 도선을 잡았을 때 나머지 손가락의 방향이 자기장의 방향이다.

　도선에 전류가 위 방향으로 흐르면 엄지 손가락을 위로 향하게 도선을 잡으면 도선의 왼쪽에서 자기장은 지면에서 나오는 방향이고 도선의 오른쪽에서 자기장은 지면으로 들어가는 방향이다.

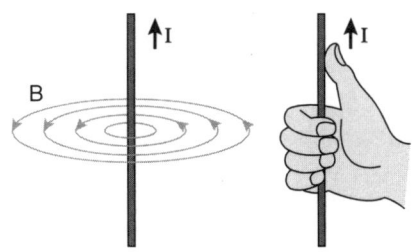

　전류가 흐르는 도선의 위와 아래는 자기장의 방향이 서로 반대이다. 따라서 도선의 위와 아래에 나침판을 놓으면 자침의 N극은 서로 반대 방향을 향하게 된다.

정답 ②

 알아두기

■ 자기력선

자기장내의 자침의 N극이 향하는 방향을 연속적으로 연결한 선을 자기력선이라고 한다.

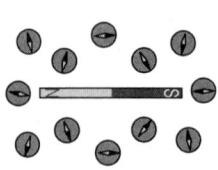 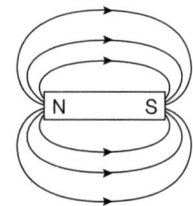

① 자기장의 방향을 표시하며 N극이 받는 힘의 방향과 같다.
② 도중에서 교차되거나 분리되지 않는다.
③ N극에서 S극을 향한다.
④ 자기력선상의 임의의 점에서 그은 접선의 방향이 그 점에서의 자기장의 방향이다.
⑥ 자기력선에 수직인 단면을 통과하는 자기력선의 수가 그 점에서의 자기장의 세기이다. 특히 이것을 자속 밀도라 한다.

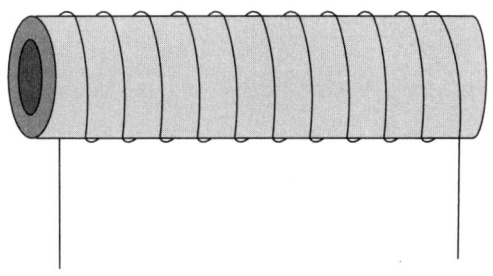

62. 솔레노이드

- 균일한 자기장을 만든다. -

 도체로 된 원통에 도선을 감았다. 다음 중 맞는 설명은 어느 것인가?

❶ 원통이 자석이면 전선에 전류가 흐른다.
❷ 전선에 전류가 흐르면 원통은 자석이 된다.
❸ 모두 맞다.
❹ 모두 틀리다.

　도선을 원통에 규칙적으로 감은 것을 솔레노이드(solenoid)라고 한다. 솔레노이드는 강하고 균일한 자기장을 만드는데 사용한다. 전류가 흐를 때 솔레노이드 내부에 생기는 자기장의 크기는 전류의 세기에 비례하고 단위 길이당 감은 수에 비례한다.

　자기장의 방향은 오른손의 엄지손가락을 제외한 나머지 손가락의 방향이 전류의 방향과 일치하도록 솔레노이드를 잡았을 때 엄지손가락의 방향이 솔레노이드에 생기는 자석의 N극이다.

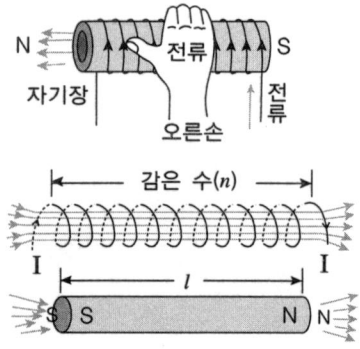

정답 ②

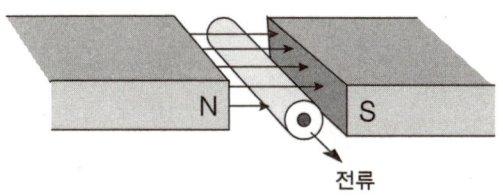

전류

63. 자기장과 도선

- 도선이 자기장으로부터 받는 힘 -

 동쪽으로 향하는 자기장 속에 도선이 놓여있다. 도선에 전류가 남쪽 방향으로 흐를 때 도선이 자기장으로부터 받는 힘의 방향은 어느 방향이겠는가?

❶ 동
❷ 서
❸ 남
❹ 북
❺ 위
❻ 아래

생활속 전기이야기

전류가 흐르는 도선 주위에 자기장이 생기므로 자석을 이 도선에 접근시키면 자석은 힘을 받는다. 그 반대로 전류가 흐르는 도선도 자석으로부터 힘을 받는다. 즉 자기장 속에 놓여 있는 도선에 전류가 흐르면 도선은 힘을 받는다. 이 힘을 전자기력이라고 한다.

자기장 내에서 전류가 흐르는 도선이 받는 힘의 방향은 플레밍의 왼손 법칙으로 구한다. 전자기력의 방향에 관한 법칙이다. 왼손의 세 손가락을 수직으로 벌렸을 때 둘째 손가락을 자기장의 방향에 맞추고 셋째 손가락을 전류의 방향에 맞출 때 엄지 손가락의 방향이 도선이 힘(전자기력)을 받는 방향이다.

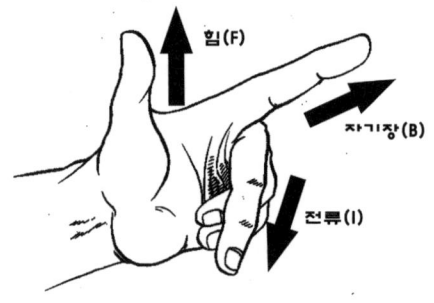

자기장과 도선

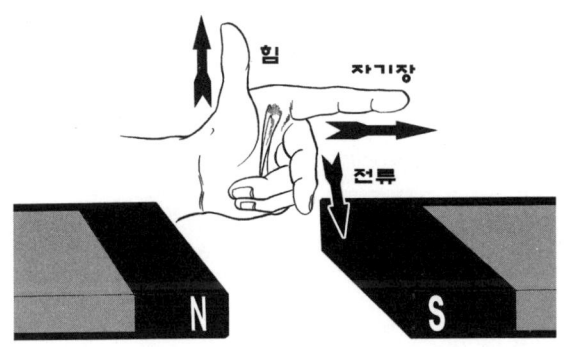

따라서 아래 그림과 같이 자기장 속에 놓여 있는 도선에 전류가 흐를 때 도선이 받는 힘은 지면 수직인 위쪽 방향으로 받는다.

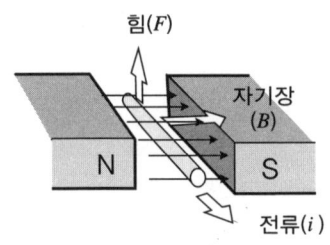

정 답 ⑤

■ 도선이 받는 힘의 방향

무술 영화에서 장풍은 손바닥에서 나간다는 것을 이용하여 자기장 속에 놓여 있는 도선에 전류가 흐를 때 도선이 받는 힘의 방향은 오른손으로도 구할 수 있다.

오른손을 활짝 폈을 때 손가락들을 자기장의 방향에 맞추고 전류의 방향에 엄지 손가락을 맞출 때 손바닥의 방향이 도선이 힘을 받는 방향이다.

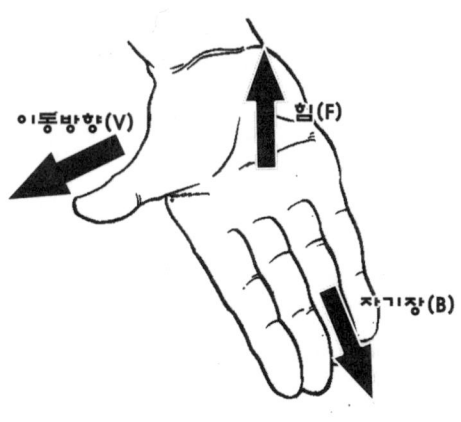

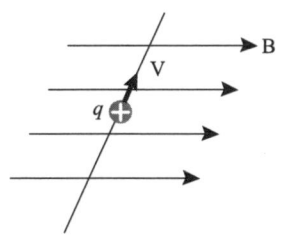

64. 자기장과 전하
- 전하가 자기장으로부터 받는힘 -

동쪽으로 향하는 자기장 속에 전하가 놓여있다. 자기장 속에 있는 전하가 북쪽 방향으로 움직일 때 전하가 자기장으로부터 받는 힘의 방향은 어느 방향이겠는가?

❶ 동
❷ 서
❸ 남
❹ 북
❺ 위
❻ 아래

생활속 전기이야기

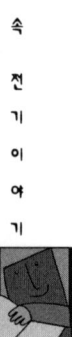

전류는 전하의 이동이므로 대전 입자의 운동은 일종의 전류이다. 따라서 대전 입자가 운동할 때는 도선을 흐르는 전류와 똑같이 힘을 받는다. 실험에 의하면 정지한 전하는 전기장 내에서 힘을 받으나 자기장 내에서는 힘을 받지 않고 운동하는 전하만이 자기장 내에서 힘을 받는다.

자기장 속에서 전하 운동할 때 전하 받는 힘을 로렌즈(Lorentz)의 힘이라고 한다. 자기장 내에서 운동하는 대전 입자가 받는 힘의 크기는 $F=Bqv\sin\theta$이고 힘의 방향은 플레밍의 왼손 법칙으로 구한다.

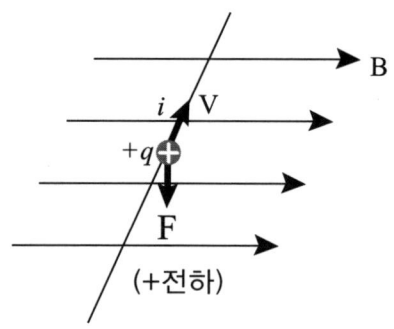

정답 ⑥

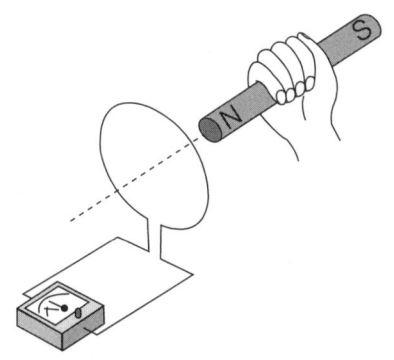

65. Faraday 유도법칙

- 자기장이 변하면 전류가 흐른다. -

다음 회로에서는 기전력 장치가 없어 전류가 흐르지 않기때문에 검류계 바늘이 움직이지 않는다. 그러나 자석에 의해 환선에 전류가 흐르게 할 수 있다. 그렇다면 환선 주위에서 자석이 어떤 상태일 때 검류계 바늘이 움직일까?

❶ 자석이 환선 가까이에 있을 때
❷ 자석이 환선에서 멀리 떨어져 있을 때
❸ 자석이 환선에 대하여 운동하고 있을 때

코일을 감아 놓은 도선의 양끝을 검류계(도선에 전류가 흐르는지 알아볼 수 있는 기계)와 연결하고 코일 쪽으로 자석을 움직이면 검류계 바늘이 움직인다. 즉 코일에 전류가 흐르게 되었다는 것을 의미하는 것이다. 코일 쪽으로 움직이는 자석을 정지시킨 채로 유지하면 검류계 바늘은 다시 0을 가리킨다. 이번에는 코일에서 자석을 멀리하면 검류계 바늘이 종전과는 반대 방향으로 움직인다(자석이 정지해 있고 코일이 움직여도 같은 결과를 볼 수 있다).

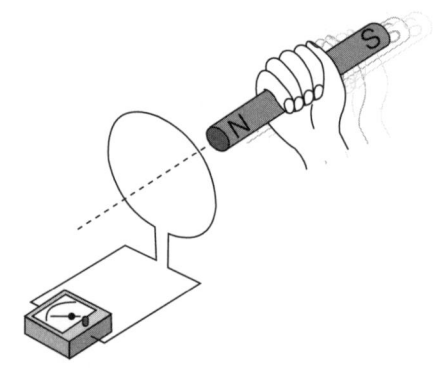

Faraday 유도법칙

코일을 감아 놓은 도선의 양끝을 검류계와 연결하고 기전력에 연결되어 있는 코일의 스위치 S를 닫으면 코일에 전류가 흐르면서 왼쪽 코일의 검류계 바늘이 움직였다가 곧 바로 0으로 되돌아간다. 이번에는 반대로 스위치를 열어 오른쪽 코일에 전류가 흐르는 것을 차단시키면 검류계 바늘이 종전과는 반대 방향으로 움직이고 마찬가지로 0으로 되돌아간다.

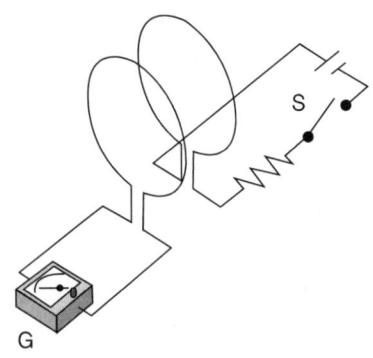

결국 코일 주변의 자기장이 변화를 가져오면 전류가 흐른다. 이와 같이 자기장의 변화로 생긴 전류를 유도전류(induced current)라고

정답 ③

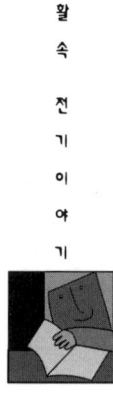

한다. 그러나 자기장이 없거나 일정한 크기로 유지되는 자기장의 경우에는 전류가 유도되지 않는다. 자기장의 증가나 감소와 같은 자기장의 변화가 있을 때에만 전류가 유도된다.

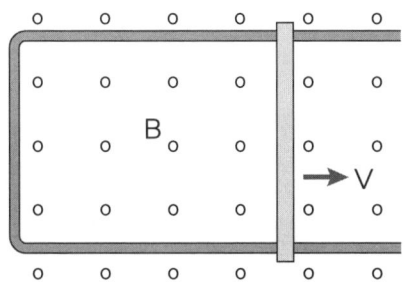

66. 유도 전류

- 유도 전류의 방향은? -

지면에서 나오는 방향의 자기장에서 도선을 오른쪽으로 잡아당기면 도선에 전류가 흐른다. 도선에 흐르는 전류는 어느 방향으로 흐르겠는가?

❶ 시계 방향
❷ 반시계 방향

자기장 속에 놓여 있는 도선에 전류가 흐르면 그 도선은 자기장으로부터 힘을 받아 움직이며 도선에 흐르는 전류의 세기가 변하면 도선 속의 자기장이 변한다.

이와 반대로 자기장 속에서 도선을 움직이면 도선에 전류가 흐르며 도선 속의 자기장을 변화시키면 도선에 전류가 흐른다. 즉 자기장 속에서 도선을 움직이거나 도선 속의 자기장을 변화시킬 때 도선에 전류가 유도되는 현상을 전자기 유도라 한다. 이 때 생긴 전류를 유도 전류라 하고 도선 양단에 생긴 기전력을 유도 기전력이라고 한다.

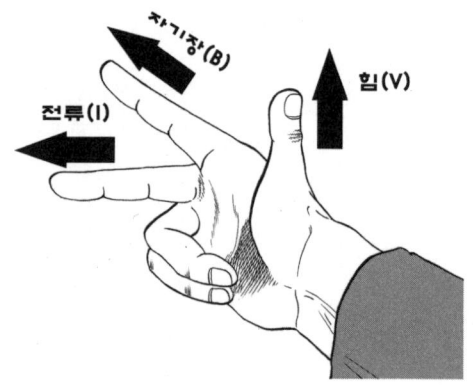

【플레밍의 오른손 법칙】

유도 기전력의 방향은 플레밍의 오른손 법칙으로 구한다. 오른손의 세 손가락을 수직으로 벌렸을 때 엄지 손가락을 도선의 운동의 방향에 맞추고 둘째 손가락을 자기장의 방향에 맞출 때 셋째 손가락의 방향이 유도 기전력(전류)의 방향이다. 즉 둘째 손가락의 방향으로 걸린 자기장 속에서 도선을 엄지 손가락의 방향으로 움직이면 셋째 손가락의 방향으로 기전력(전류)이 생긴다.

지면에서 수직으로 나오는 자기장 속에서 도선을 오른쪽으로 움직였으므로 플레밍의 오른손 법칙을 사용하면 유도 전류의 방향은 아래 그림과 같다.

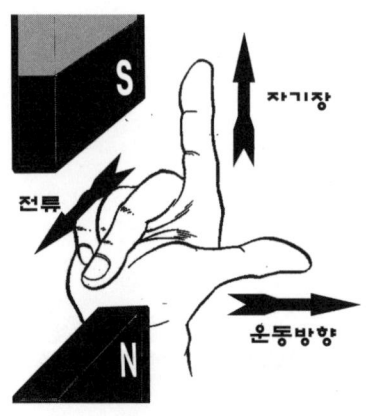

따라서 지면에서 수직으로 나오는 자기장 속에서 도선을 오른쪽으로 움직일 때 도선에 유도되는 유도 전류는 시계 방향으로 흐른다.

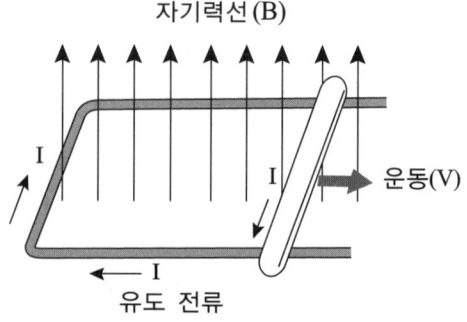

정답 ①

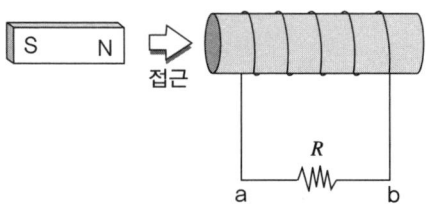

67. 렌즈의 법칙-I

- 자석의 운동과 유도 전류 -

 코일이 감겨져 있는 원통 가까이에서 자석을 움직이면 유도 전류가 발생한다. 자석을 화살표 방향으로 움직일 때 저항 R에 흐르는 유도 전류의 방향은 어느 방향이겠는가?

❶ a에서 b로 흐른다.
❷ b에서 a로 흐른다.
❸ 전류는 흐르지 않는다.

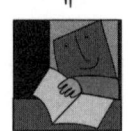

　코일 속의 자기장을 변화시켜 코일 속을 통과하는 자기력선의 수가 변할 때 코일에 생기는 유도 전류의 방향은 자기력선 수의 변화를 방해하는 방향으로 흐른다.

　이것을 렌즈(Lenz)의 법칙이라고 한다. 코일을 향하는 자석의 운동은 코일에 전류를 유도한다. 자석의 N극이 고리에 다가갈 때 고리를 통과하는 자기력선의 수는 증가한다. 즉 왼쪽에서 오른쪽에서 통과하는 자기력선의 수가 증가한다.

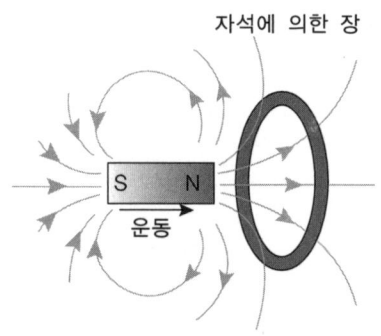

렌즈의 법칙에 의해 코일에 유도되는 전류

는 자기력선 수의 증가를 방해하는 자기장을 발생시키는 방향으로 흐른다. 즉 왼쪽에서 오른쪽에서 통과하는 자기력선이 증가하지 못하게 하기위해 오른쪽에서 왼쪽 지나가는 자기력선이 생긴다.

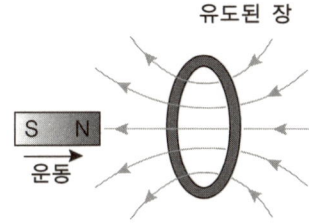

자석의 N극이 코일에 접근하면 코일 속으로 들어가는 자력선의 수가 증가한다. 따라서 이를 방해하기 위해서 코일의 왼쪽에서 자력선이 나오도록 코일에 전류가 유도되어 전류가 흐르게 된다.

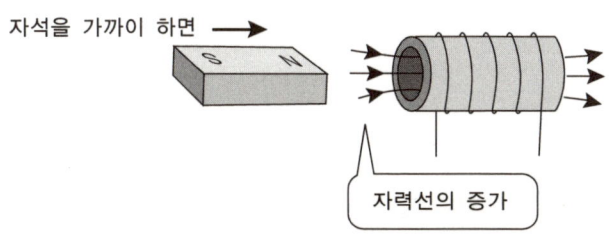

생활속 전기이야기

자력선의 증가를 방해하는 방향으로 자속이 생기는 유도기전력이 발생한다.

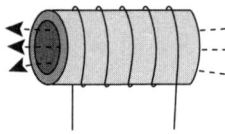

자석을 접근시키면 N극이 코일에 접근하므로 코일의 왼쪽에 N극이 생기도록 코일에 전류가 유도된다. 따라서 a에서 b로 전류가 흐른다.

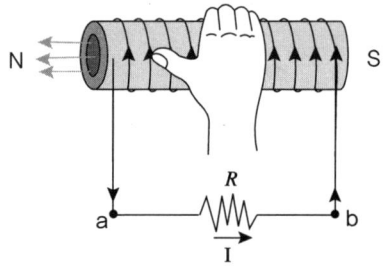

정답 ①

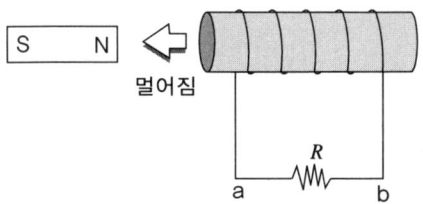

68. 렌츠의 법칙 - II

- 자석의 운동과 유도 전류 -

코일이 감겨져 있는 원통 가까이에서 자석을 움직이면 유도 전류가 발생한다. 자석을 화살표 방향으로 움직일 때 저항 R에 흐르는 유도 전류의 방향은 어느 방향이겠는가?

❶ a에서 b로 흐른다.
❷ b에서 a로 흐른다.
❸ 전류는 흐르지 않는다.

생활속 전기이야기

자석을 멀리하면 N극이 코일에 멀어지므로 코일의 왼쪽에 S극이 생기도록 코일에 전류가 유도된다. 따라서 검류계 b에서 a로 전류가 흐른다. 다시 말하면 자석의 N극이 코일에서 멀어지면 코일 속으로 들어가는 자력선의 수가 감소하므로 이를 방해하기 위해서 코일의 왼쪽으로 자력선이 들어가도록, 즉 코일의 왼쪽에 S극이 생기도록 코일에 전류가 유도되어야 하므로 저항 R에는 b에서 a로 전류가 흐르게 된다.

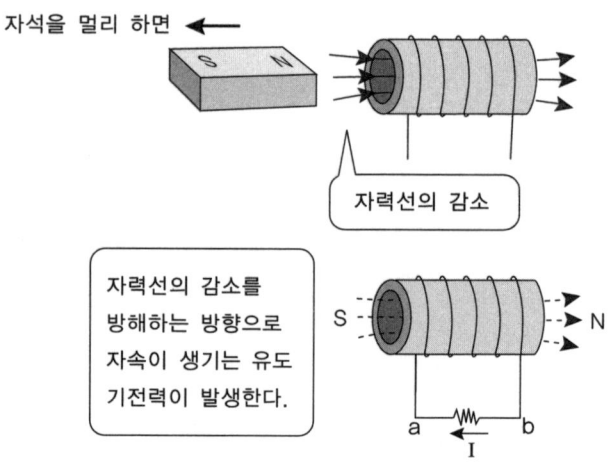

정답 ②

69. 코일과 전류

- 역기전력이란 무엇인가? -

코일이 있는 회로에서 스위치를 닫을 때(0~t_1) 전류는 서서히 증가하고 스위치를 닫아 놓으면(t_1~t_2) 일정한 전류가 흐른다. 또한 스위치를 열 때(t_2~t_3) 전류는 곧바로 0이 되지 않고 서서히 감소한다. 이와 같은 스위치를 닫고 열 때 전류의 흐름이 서서히 변하는 현상이 일어나는 원인은 무엇인가?

❶ 상호유도
❷ 자체유도

코일에 흐르는 전류의 세기가 변할 때 코일 속의 자기장이 변하게 되므로 그 코일 자체 내에 유도 기전력이 생기는 현상을 자체 유도라고 한다. 회로에 흐르는 전류가 순간적으로 0에서 어떤 값으로 혹은 어떤 값에서 0으로 뛸 수 없는 것은 바로 자체 유도 기전력 때문이다. 유도 기전력의 방향은 렌쯔의 법칙으로 구하며 회로에 원래 흐르는 전류의 변화를 방해하는 방향으로 생기므로 역기전력이라고도 한다.

유도 전류의 방향은 스위치를 닫아 전류의 세기가 증가할 때 원래의 전류 방향과 반대 방향으로, 스위치를 열어 전류의 세기가 감소할 때는 원래의 전류 방향과 같은 방향으로 생긴다. 자체유도는 쵸크 코일(안정기)에 이용된다.

정답 ②

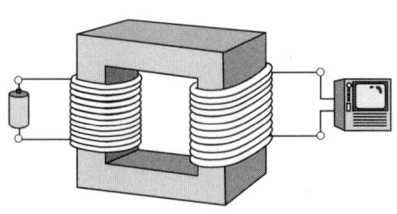

70. 변압기

- 건전지로 승압시키면 TV를 볼 수 있을까? -

변압기(트랜스)는 220V 전원을 110V 전원으로 바꿀 때 사용하는 강압용과 그 반대인 승압용(100V→220V)의 두 가지가 있다. 그렇다면 1.5V 건전지로 110V용 가전 제품을 쓸 수 있지 않을까?

❶ 있다.
❷ 없다.

변압기는 교류에서만 쓸 수 있다. 변압기는 전압을 바꾸어 주며 변전소에 있는 대형박스, 전주에 있는 작은 것도 변압기이다. 전류를 보낼 때 전압을 높여서 보내면 저항이 작아져 송전 손실이 작다. 그러므로 발전소에서는 전압을 높여서 보내지만 가정에서는 고전압이 매우 위험하므로 변압기로 서서히 전압을 내려줘야 한다.

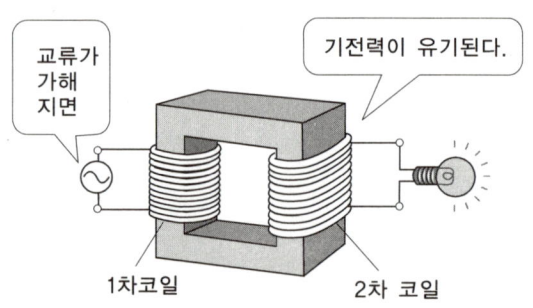

변압기는 상호 유도의 원리를 이용하여 코일의 감은 수에 따라 전압을 변화시키는 장치이고 교류만 사용할 수 있다. 변압기는 입력 쪽(1차 코일)과 출력 쪽(2차 코일)에 각각 코일이 감겨져 있어 한 쪽 코일에 교류 전압이

걸리면 전자기 유도에 의해 다른 쪽 코일에 전압이 걸린다. 출력 전압은 두 개의 코일을 몇 번 감느냐에 따라 다르다. 2차 코일의 감은 수를 작게 해서 높은 전압을 낮은 전압으로 바꾸어 준다.

한 철심에 감긴 1차, 2차 코일의 감은 수를 n_1과 n_2라고 하고 전압을 V_1과 V_2라고 하자. 그리고 전류의 세기를 I_1과 I_2라고 할 때 전압은 코일의 감은 수에 비례한다.

$$\frac{V_1}{V_2} = \frac{n_1}{n_2}$$

또한 변압기의 효율이 100%라면 입력과 출력의 값이 같아야 하므로 전류의 세기는 코일의 감은 수에 반비례한다.

$$\frac{I_1}{I_2} = \frac{n_1}{n_2}$$

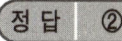

■ 상호 유도

한 개의 철심에 두 개의 코일을 감아 놓고 1차 코일의 전류의 세기를 변화시킬 때 2차 코일에 기전력이 생기는 현상을 상호 유도라고 한다.

전원에 연결된 코일을 1차 코일이라 하고 다른 코일을 2차 코일이라 한다. 1치 코일에 전원을 연결하는 순간 1차 코일의 오른쪽에는 N극이 되므로 2차 코일의 왼쪽에 N극이 되도록 유도 전류가 흐르게 되며 2차 코일의 저항 R에는 a에서 b쪽으로 전류가 흐른다. 즉 1차 코일에 전류가 변화하면 자기장의 변화가 생기고 이 때문에 2차 코일에는 자기장의 변화가 생겨 전류의 변화가 일어난다. 이 때 유도 전류의 방향은 렌쯔의 법칙으로 구하고 상호 유도는 변압기와 유도 코일에 이용된다.

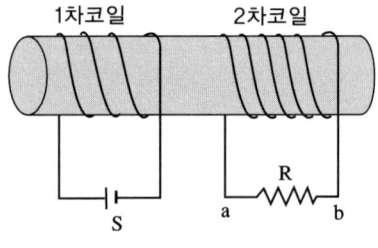

71. 전력수송

- 가정용 전압을 110V에서 220V로 높인 이유는? -

멀리 떨어진 발전소로부터 생성된 전력은 전력선을 통해 가정에 공급된다. 가정에서 사용하는 전압이 1980년대에는 110V였다. 그런데 1990년대에 가정에서 사용하는 전압이 220V로 바뀌었다. 가정용 전압을 110V에서 220V로 승압시켜서 가정에 공급하면 어떤 장점이 있는가?

❶ 전력 손실이 줄어든다.
❷ 자체유실이 줄어든다.

생활속 전기이야기

전구를 켜든가 전기 기구를 사용할 때마다 전력을 사용하게 된다. 보통 가정에서 사용하는 전력은 멀리 떨어진 발전소로부터 전력선을 통해 공급을 받는다. 전력의 에너지원은 댐에 저장된 물의 중력 위치 에너지일수도 또는 석탄, 석유, 천연가스 등과 같은 화석 연료에 저장된 화학적 위치 에너지일 수도 있고 우라늄에 저장된 핵 위치 에너지일 수도 있다.

승압 효과는 두 가지로 생각할 수 있다. 첫 번째는 송전 과정의 전력 손실을 작게 해주고 두 번째는 가정에서 사용할 수 있는 소비 전력을 늘리기 위해서 이다.

첫 번째는 과정에 대해 알아보자. 발전소로부터 공급되는 전력은 $P=IV$이고 송전 도중 송전에서의 전력 손실은 $P=I^2R$이다. 따라서 송전에서 전력 손실을 적게 하려면 전류를 줄이거나 저항이 작아야 한다.

송전선의 저항은 일정하기 때문에 송전에서 전력 손실을 적게 하려면 흐르는 전류를 줄여야 한다. 따라서 작은 전류로 같은 크기의 전력을 공급하려면 전압이 커야한다.

공급되는 전력이 일정하므로 송전 전류는

$$I = \frac{P}{V}$$

이고 손실되는 전력은

$$I^2R = \left(\frac{P}{V}\right)^2 R$$

따라서 전압을 n배로 높이면 전력 손실은 $1/n^2$ 배로 된다. 이것이 송전 과정의 승압 효과이다.

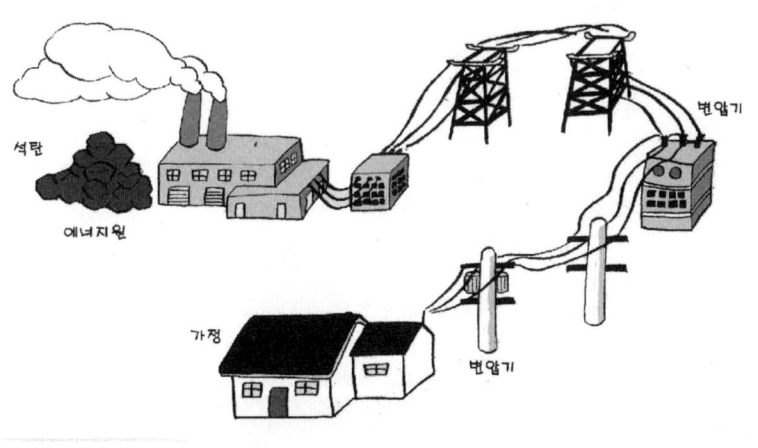

정 답 ②

두 번째는 과정에 대해 알아보자. 가정의 전압이 110V에서 220V로 2배로 증가하면 전기 제품의 저항을 바꾸지 않는 한 Ohm의 법칙 (V=IR)에 의해 흐르는 전류가 2배 늘어난다. 가정에서 쓰는 전기 제품의 소비 전력이 바뀌면 안되므로 전기 제품의 저항을 기존의 것보다 4배 크게 해야 전력의 크기가 같게 된다.

전력 P=IV이므로 전압을 2배로 하고 전력을 같게 하려면 전류가 1/2이 되어야 한다. 그러므로 V=IR이라는 식을 이용하여 설명하면 전압이 2배가 되고 전류가 1/2이 되면 저항이 4배가 되어야 하다. 같은 소비 전력의 110V용과 220V용의 전기 제품의 차이는 220V용의 저항이 4배나 크다는 사실이다.

옛날에는 가정에서 필요로 하는 소비 전력이 현재보다 훨씬 작았다. 전등을 포함하여 몇 가지 제품뿐이었다. 그런데 지금은 세탁기, 냉장고, 에어컨 등의 많은 전기 제품을 가정에서 사용하고 있다. 따라서 가정에서 필요로 하는 소비 전력이 급증하였다.

전력수송

　가정에서 사용하는 이런 전기 제품들은 모두 병렬로 연결되어 있기 때문에 합성 저항이 작아져서 가정의 건물 내의 배선에 흐르는 전류가 전선이 견딜 수 있는 한계 전류 이상으로 커졌다.
　가정용 옥내 배선을 통과할 수 있는 전류의 양이 제한 되어있다. 따라서 옥내 배선의 전선을 모두 교체하여 한계 전류를 늘리지 않으면 화재 등의 큰 위험이 발생하게 된다. 그러나 옥내 배선의 전선을 모두 교체하는 것은 거의 불가능하기 때문에 전압을 높여 옥내 배선에 흐르는 전류를 줄이는 방법을 쓰는 것이다.
　가정용 전압을 110V에서 220V로 승압하면 옥내의 전선을 바꾸지 않고도 2배의 전력을 사용할 수 있다. 이것은 송전 과정의 승압 효과와는 다르다. 송전 과정의 승압은 송전선의 저항에 의한 전력 손실을 줄이기 위해 전류를 줄이는 것이다. 그러나 가정의 승압은 사용할 수 있는 소비 전력을 늘리기 위하여 전류를 줄이는 것이다.

정 답　②

■ 변압기

　변압기를 상용하여 낮은 전압의 교류를 높은 전압의 교류로 또는 높은 전압의 교류를 낮은 전압의 교류로 바꾸어줄 수 있다. 발전소에서의 전력은 송전을 위해 높은 전압으로 승압된다. 가정용으로 사용될 때에는 이 전압이 강압된다.

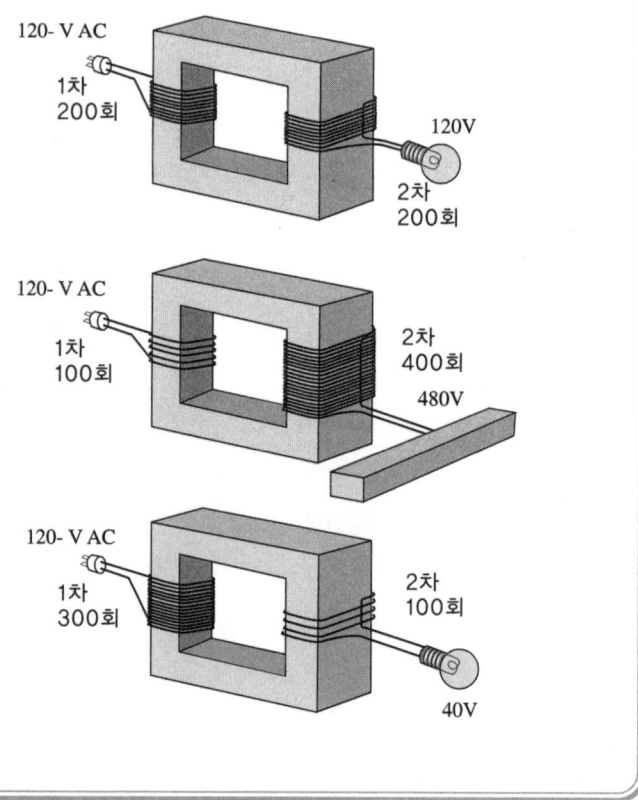

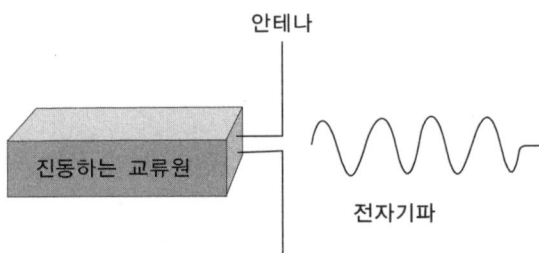

72. 전자기파

- 전자기파는 어떤 파인가? -

 진동하는 전하는 그 진동의 진동수와 동일한 진동수의 전자기파를 복사한다. 전자기파는 어떤 파일까?

❶ 종파
❷ 횡파

생활 속 전기 이야기

눈, 라디오, 텔레비전, 레이더, 마이크로 오븐, 피부를 태우는 전등 등 이런 것들은 모두 공통적으로 전자기파를 사용한다. 이와 같이 전자기파는 일상 생활과 사회의 기술 분야에 중요한 위치를 차지하고 있다.

진동 전류가 흐르는 도선 주위에는 전기장이 끊임없이 변화하면 이는 또한 자기장의 변화를 유발한다. 즉 전기장의 변하는 자기장을 발생시키고 자기장의 변하는 전기장을 유발시켜 공간적으로 전달되어 나가는 파동을 전자기파라고 한다. 따라서 전자기파는 진동하는 전기장과 자기장이 결합하여 생기는 횡파이다.

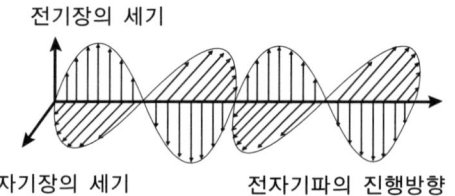

정답 ②

73. 전자기파의 특성

- 전자기파는 어떤 특성을 가지고 있는가? -

전자기파는 전기장과 자기장의 진동 방향과 수직으로 진행하는 횡파이다. 다음 중 전자기파의 특징은?

❶ 매질이 없어도 전파된다.
❷ 진공에서의 속도는 빛의 속도와 같다.
❸ 반사, 굴절, 회절, 간섭의 현상이 있다.
❹ 세 가지 모두 다

생활속 전기이야기

음파(소리)는 물체의 진동이 매질의 탄성에 의해 전해지는 종파이다. 즉 매질의 각 점은 소리의 전달 방향에 평행하게 진동한다. 따라서 소리가 전해지기 위해서는 탄성을 갖는 매질(고체, 액체, 기체)이 있어야 한다. 수면파, 소리, 줄의 파 등과 같은 파동들은 매질이 역학적 탄성을 가지고 있어서 역학적 에너지를 주기적으로 전파시키는 파동을 탄성파(역학파)라고 한다. 역학적 파동은 탄성을 가진 물질의 내부나 표면을 통해 진행한다.

이와 대조적으로 빛과 TV 신호는 역학적 매질이 없어도 전파할 수 있는 파동을 전자기파(electromagnetic wave)라고 한다. 전자기파는 시간에 따라 변하는 전기장과 자기장이 주기적으로 진동하면서 전파해 가는 현상으로 탄성매질이 없어도 전파할 수 있다. 전기장과 자기장의 진동은 진공에서도 존재할 수 있고 그 전자기적 에너지도 전달될 수 있으므로 매질이 없는 진공에서도 전자기파는 전파할 수 있다.

정답 ④

74. 전자기파의 분류

- 전자기파는 무엇으로 분류하는가? -

전자기파는 전파, 마이크로파, 적외선, 가시광선, 자외선, 엑스선, 감마선 등으로 이루어져 있다. 이와 같이 전자기파를 분류하는 기준은 무엇일까?

❶ 파장
❷ 진동수
❸ 위 둘 다
❹ 위 둘 다 아니다.

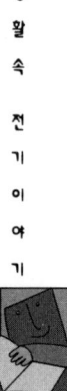

생활속 전기이야기

전하에 의하여 진동하는 장은 전자기파를 발생하기 때문에 방출되는 전자기파의 진동수는 전하의 진동수에 의해서 결정된다. 따라서 전자기파는 진동수에 의해 이름을 붙이고 분류한다. 진동체가 1초 동안에 진동하는 횟수를 진동수(frequency)라고 하고 단위는 전파의 존재를 증명한 헤르츠 이름을 따서 Hz(Hertz)로 나타낸다.

진동체가 한번 진동하는데 걸리는 시간을 주기(period)라고 한다. 어떤 물체가 1초에 10번 진동하면 그 물체의 진동수는 10Hz, 주기는 0.1초가 된다. 따라서 전자기파는 파장에 따라서 이름을 붙여 분류하기도 한다. 이 영역들은 명확하게 구분되지 않으며 때로는 중첩이 된다.

정답 ③

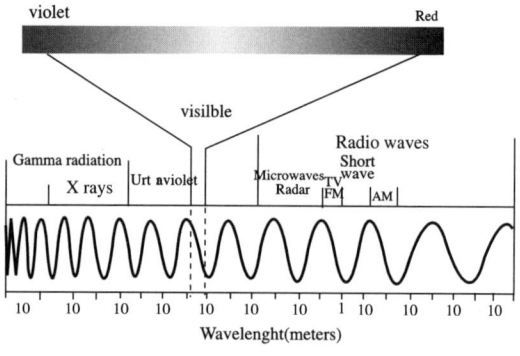

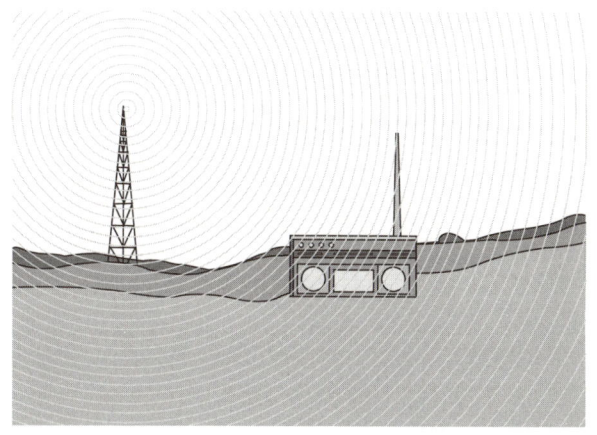

75. 전자기파 - I

- 방송에서 사용하는 전자기파 -

전자기파는 전파, 마이크로파, 적외선, 가시광선, 자외선, 엑스선, 감마선 등으로 이루어져 있다. 방송에 주로 쓰이는 전자기파는 무엇일까?

❶ 전파
❷ 마이크로파
❸ 적외선
❹ 가시광선
❺ 자외선
❻ 엑스선
❼ 감마선

가장 낮은 진동수의 전자기파인 전파(radio waves)는 100Hz이하인 것으로부터 10억 Hz(10^9Hz 또는 1,000MHz)까지 펼쳐있다. 이 범위는 다른 여러 이름으로 분류가 되는데 저주파(ELF), 고주파(VHF), 초고주파(UHF) 등 진동수대가 여러 가지 있다.

전파의 파장은 λ=30cm이상인 영역이다. 따라서 전파는 파장에 따라 장파(Low Frequency; LF), 중파(Medium Frequency; MF), 단파(High Frequency; HF), 초단파(Very High Frequency; VHF), 극초단파(Ultra High Frequency; UHF),cm(Super High Frequency; SHF), mm파(Extremely High Frequency; EHF) 등으로 분류한다.

전파는 공기를 통하여 잘 전파되기 때문에 주로 통신에 이용을 한다. 진동수가 낮은(파장이 길다) 전파는 대기의 상층을 통과 할 수 없기 때문에 우주 통신이나 위성 통신에는 진동수가 큰(파장이 짧다) 전자기파를 이용한다.

라디오파는 안테나에 거대한 전류를 진동시켜 발생시킨다. AM 라디오 전파는 550~1600kHz.

FM 라디오 전파는 88~108MHz, 텔레비전의 전파는 30~3,000MHz의 진동수 범위를 갖는다.

전자기파는 전하가 가속될 때 발생하므로 진동하는 전하는 진동의 진동수와 동일한 진동수의 전자기파를 복사한다. 따라서 정해진 진동수의 전자기파는 한개 또는 그 이상의 대전 입자를 같은 진동수로 진동시킴으로서 발생시킬 수 있다. 전파나 마이크로파와 같은 낮은 진동수의 전자기파는 이와 같이 발생시킨다. 그러나 높은 진동수의 전자기파는 분자, 원자, 원자핵이 포함된 다양한 과정에서 발생한다.

정답 ①

 알아두기

■ 전파의 종류와 주요 용도

파장	명칭	주요용도
1cm~10cm	마이크로파	통신위성, 위성방송
10cm~1m	극초단파	UHF TV방송, 휴대전화, 햄
1m~10m	초단파	텔레비전, FM방송, 햄
10m~100m	단 파	아마추어 무선
100m~1km	중 파	AM라디오
1km~10km	장 파	지하철의 연락용 무선

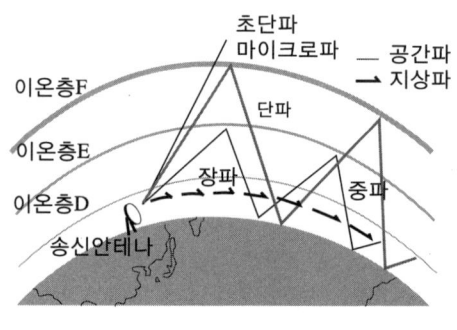

76. 전자기파 - II

- 전자렌즈에 사용하는 전자기파 -

전자기파는 전파, 마이크로파, 적외선, 가시광선, 자외선, 엑스선, 감마선 등으로 이루어져 있다. 가정에서 사용하는 전자렌즈에 쓰이는 전자기파는 무엇일까?

❶ 전파
❷ 마이크로파
❸ 적외선
❹ 가시광선
❺ 자외선
❻ 엑스선
❼ 감마선

생활속 전기이야기

전파의 진동수보다 높은 진동수를 가진 전자기파의 영역은 마이크로파(microwaves) 영역이다. 진동수는 전파의 상한선으로부터 적외선의 하한, 즉 약 $10^9 \sim 10^{12}$Hz($10^3 \sim 10^6$MHz)에 분포되어 있다. 마이크로파는 파장은 $\lambda = 0.3$mm~30cm인 영역에 분포하고 있다.

마이크로파는 음식을 요리하는 방법으로 폭넓게 쓰인다. 요리라는 것은 음식을 가열하는 것이다. 따라서 전자렌즈는 마이크로파를 음식에 침투시켜 음식에 있는 물분자의 에너지를 직접적으로 높여 음식의 온도를 높이는 것이다. 이것은 음식의 바깥에서 안으로 천천히 열을 전도하는 것과 다르게 때문에 매우 빠르게 음식물을 데운다.

전하에 의하여 진동하는 장은 전자기파를 발생시키는데 마이크로파의 파장은 수 cm정도로 진동수가 고체나 액체 내의 물분자의 고유 진동수와 거의 같기 때문에 마이크로파는 음식물 내의 물분자에 의해서 쉽게 흡수된다. 가정에서 사용하는 마이크로파 오븐은 2450MHz(=12.2cm의 파장)의 진동수를 사용하고 있다.

정답 ①

77. 전자기파 - Ⅲ

- 물체의 온도를 높이는 전자기파 -

전자기파는 전파, 마이크로파, 적외선, 가시광선, 자외선, 엑스선, 감마선 등으로 이루어져 있다. 열선이라 불리며 물체의 온도를 높이는 전자기파는 무엇일까?

❶ 전파
❷ 마이크로파
❸ 적외선
❹ 가시광선
❺ 자외선
❻ 엑스선
❼ 감마선

적외선(infrared radiation; IR) 영역은 마이크로파와 가시 광선 사이의 영역에 있다. 진동수는 약 $10^{12} \sim 4 \times 10^{14}$Hz($10^3 \sim 10^5$GHz)이고 파장은 λ=750nm~0.3mm인 영역에 분포하고 있다.

적외선은 가시 광선의 적색 영역보다 바깥 부분에서 온도계의 온도가 상승하는 것을 발견한 허셀에 의해서 1800년에 발견되었다. 불꽃이나 난로로부터 따뜻함을 느끼는 것은 피부가 적외선을 흡수하기 때문이다. 따라서 적외선을 열선이라고 말하고 원자와 분자들의 열적 진동 의한 것이며 열로 감지되어진다. 차가운 물체가 적외선을 흡수하면 원자나 분자의 진동을 증가시켜 물체의 온도가 높아진다.

적외선은 보통 텔레비전, 음향기기 등의 무선 리모콘 장치에 이용된다. 또한 적외선에 인체의 작은 온도 변화에 대해서도 검색이 가능하므로 주위의 세포조직보다 온도가 높은 종양의 조기진단에 사용되고 있다.

정답 ③

78. 전자기파 - IV

- 물체를 보는데 사용하는 전자기파 -

전자기파는 전파, 마이크로파, 적외선, 가시광선, 자외선, 엑스선, 감마선 등으로 이루어져 있다. 사람의 눈으로 물체를 볼 수 있게 해주는 전자기파는 무엇일까?

❶ 전파
❷ 마이크로파
❸ 적외선
❹ 가시광선
❺ 자외선
❻ 엑스선
❼ 감마선

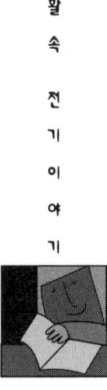

　가시 광선(visible light)은 전자기파 중에서 사람이 검출할 수 있는 매우 좁은 진동수 영역에 있다. 눈에는 간상세포와 원추세포라 부르는 특별한 세포가 전자기파의 전기 신호를 정신적인 상을 형성하는 뇌로 보냄으로서 가시광선에 반응한다.

　가시 광선은 매우 뜨거운 물체에서 방출되는 열 복사선이다. 태양 복사선의 44%가 가시 광선이다. 가시 광선의 좁은 영역 내에서 진동수가 다른 빛은 다른 색을 가진 빛으로 느껴진다. 적외선 영역 다음에 있는 가시 광선 중에서 가장 작은 진동수의 빛은 붉은색의 빛이고 가장 높은 진동수의 빛은 보라색을 가진 빛이다. 가시광선의 가장 높은 진동수는 가장 낮은 진동수의 2배 이하로 진동수의 영역은 매우 좁다

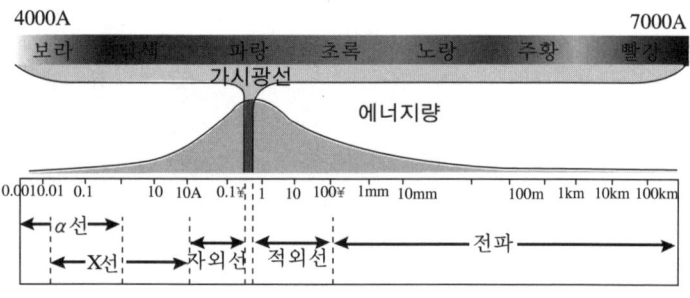

전자기파 IV

 우리가 보는 대부분의 빛은 서로 다른 여러 진동수의 빛이 혼합된 것이다. 가시광선이 눈에 들어오지 않으면 검은 색으로 보인다.
 원자 내의 에너지 준위 간에 전자의 전위가 있을 때 빛이 발생한다. 우리의 시각과 식물의 광합성 작용은 대기에 흡수되지 않는다. 파장인 300~1100nm 범위의 태양빛을 이용하고 있다.

[빛의 진동수와 파장의 근사값]

빛	진동수($\times 10^{14}$Hz)	파 장(nm)
빨간(red)	4.0~4.8	750~630
주황(orange)	4.8~5.1	630~590
노랑(yellow)	51~5.4	590~560
초록(green)	5.4~6.	560~490
파랑(blue)	6.1~6.7	490~450
보라(violet)	6.7~7.5	450~400

정답 ④

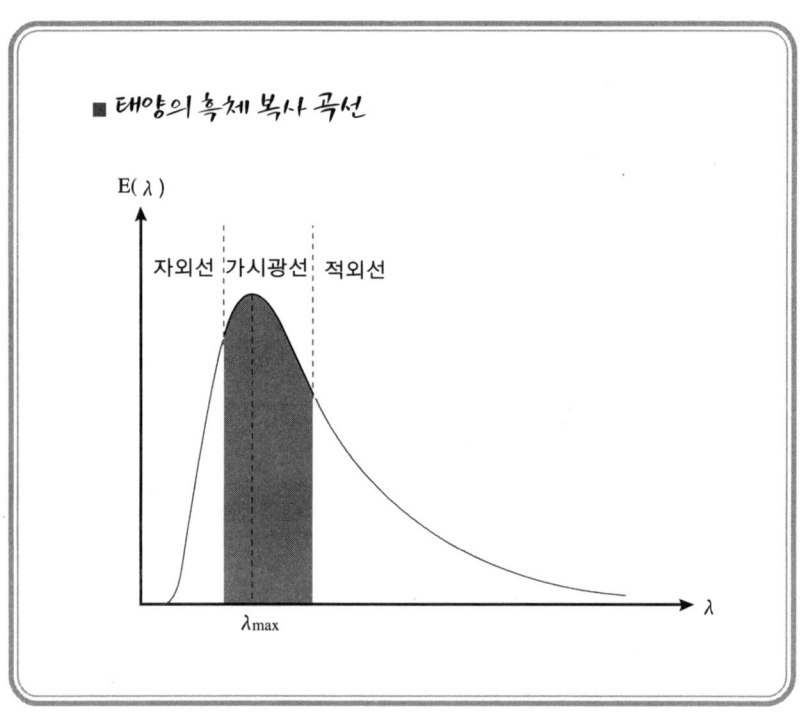

79. 전자기파 - V

- 피부를 태우는 전자기파 -

 전자기파는 전파, 마이크로파, 적외선, 가시광선, 자외선, 엑스선, 감마선 등으로 이루어져 있다. 살균이나 사람의 피부를 태우는 작용을 하는 전자기파는 무엇일까?

❶ 전파
❷ 마이크로파
❸ 적외선
❹ 가시광선
❺ 자외선
❻ 엑스선
❼ 감마선

자외선(ultraviolet radiation: UV)은 보라색 빛의 진동수에서 X선 영역까지 펼쳐진 전자기파의 영역이다. 진동수의 범위는 대략 $7.5 \sim 10^{14}Hz \sim 10^{18}Hz$이다. 자외선은 파장은 인 $\lambda=0.3nm \sim 400mm$영역에 분포하고 있다.

자외선 역시 매우 뜨거운 물체에 의하여 방출되는 열 복사선으로 태양으로부터 오는 빛의 약 7%가 자외선이다. 자외선의 빛은 피부를 그을리거나 태우는데 이용되고 있다. 자외선은 적외선만큼 피부를 따뜻하게 하지는 않지만 피부를 태우는 효과를 내는 화학적인 작용(피부에 비타민D를 생성)을 일으킨다. 많은 양의 자외선은 박테리아를 없앨 수 있으면 인체에 암을 발생시킬 수도 있다.

대기의 오존층이 300nm이하의 자외선을 흡수하지 않으면 인간에게 있어 암과 같은 수많은 돌연변이 세포가 나타날 것이다. 이러한 이유로 프레온(CFCs)에 의한 오존층 파괴는 국제적인 문제가 된다.

정답 ⑤

80. 전기파 - VI

― 사람의 몸을 투과하는 전자기파 ―

 전자기파는 전파, 마이크로파, 적외선, 가시광선, 자외선, 엑스선, 감마선 등으로 이루어져 있다. 사람의 몸을 투과하는 전자기파는 무엇일까?

❶ 전파
❷ 마이크로파
❸ 적외선
❹ 가시광선
❺ 자외선
❻ 엑스선

자외선보다 높은 진동수의 전자기파는 X선이다. X선의 진동수는 약 $10^{16} \sim 10^{20}$Hz까지 퍼져있다. 1895년 뢴트겐에 의해 발견되어진 X선은 자외선과 인접하고 있으며 파장은 $\lambda=0.0003$nm$\sim$30mm인 영역에 분포하고 있다.

X선 발생장치는 무거운 금속에 전자를 충돌하게 하여 속도를 감속시킴으로서 X선을 발생시킨다. 원자의 크기와 결정 간격이 X선의 파장 범위 안에 있으므로 X선은 결정의 원자구조나 DNA등의 분자구조 연구에 이용되고 있다. 그리고 의료용 진단이나 치료는 물론 기계의 작은 결함탐지에도 이용되고 있으며 우주에 대한 연구에 있어서도 중요한 도구로 사용되고 있다.

가장 높은 진동수의 전자기파가 감마선이다. 감마선의 진동수는 약 $3 \times 10^{19} \sim 10^{23}$Hz이다. 감마선은 어떤 특정 물질에서 방출되는 방사선의 한 부분으로 1900년 빌라드에 의해서 처음으로 확인되었다. 감마선의 파장은 원자핵 지름(핵반경:10^{-14}m)의 크기와 같다. X선이 전자에 의해서 발생되는 반면 감마선은 주로 원자핵 내부에서 발생하며 아주 강력한 에너지를 가진다. 낮은 진동수의 빛이 흡수되어 통과 못하는 물질을 진동수가 큰 X-선은 투과한다.

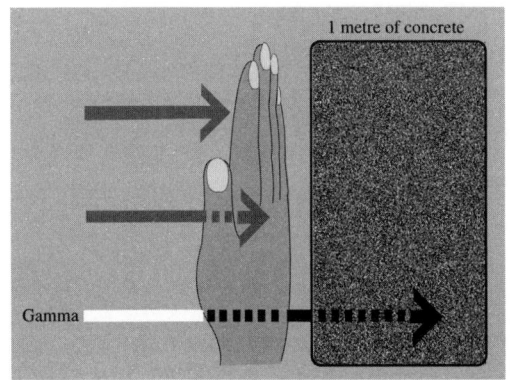

부 록

[구름]

    구름은 공기 속에 수많은 작은 물방울이나 얼음 알갱이들이 모여서 떠 있는 것이다. 공기 중에 수증기가 있다. 공기가 열을 받으면 부피가 커지고 부피가 커진 공기는 하늘로 올라간다. 하늘로 올라갈수록 온도가 낮아지기 때문에 공기가 열을 빼앗겨 공기 중의 수증기가 작은 물방울로 변한다. 이때 온도가 더 낮으면 물방울이 얼음 알갱이로 변한다. 구름은 작은 액체 물방울이나 고체인 얼음 알갱이가 하늘에 떠 있는 것이다. 물방울이나 얼음 알갱이 하나의 크기는 약 0.01mm정도이고 100만개가 모여야 구름의 질량이 1g된다. 이 물방울이나 얼음 알갱이가 모여서 무거워 지면 중력을 받아서 지표면 떨어지는 것이 비와 눈이다. 이것이 녹지 않고 그대로 내리면 눈이 되고 이 눈이 따뜻한 공기층을 지나가면서 녹으면 비가 된다.

    구름은 다양한 크기의 물분자와 얼음 알갱이가 모여서 생성된다. 이렇게 다양한 크기의 입자가 모여 있으면 모든 빛을 산란 시킨다. 가장 작은 입자는 파란빛을, 조금 큰 입자는 녹색빛을, 더 큰 입자는 빨간빛을 산란시키다. 따라서 전체적으로 구름은 흰색으로 보인다.

[원자모형의 변천]

물질의 기본요소로 생각되는 원자는 전자, 양성자 그리고 중성자들로 구성되어있다. 중성자와 양성자들은 쿼크라는 소립자의 구조를 가진다.

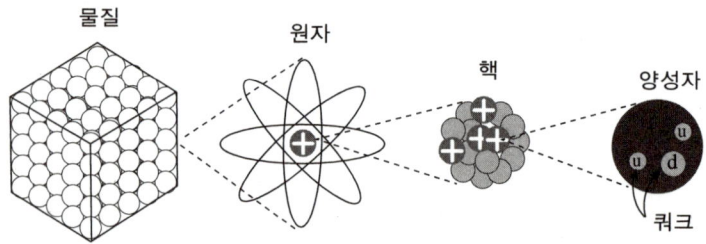

돌턴(1807년)은 원자를 딱한 공 모형이라고 하고 더 이상 쪼개지지 않는 입자로 정의하였다. 그러나 원자가 몇 가지 더 작은 입자로 구성되어 있다는 것이 밝혀졌다.

톰슨(1903년)은 원자는 건포도가 든 푸딩 모형이고 양전하 속에 전자가 파묻혀 있는 입자로 정의하였다. 그러나 원자핵의 존재를 확인한 알파입자 산란 실험은 설명할 수 없다.

러더퍼드(1911년)는 α 입자 산란 실험으로 원자 중심에 원자핵이 있고 그 주위에 전자들이 있다는 원자 모형이라고 하였다. 그러나 수소 원자의 스펙트럼은 설명할 수 없다.

보어(1913년)는 수소 원자의 스펙트럼 분석을 통하여 전자가 양성자와 중성자로 된 원자핵 주위의 궤도를 돌고 있는 원자 모형이라고 하였다. 그러나 수소 원자의 스펙트럼은 잘 설명되나 전자수가 많은 원자들의 스펙트럼은 잘 설명할 수 없었다.

현대의 원자 모형(1926년)은 양자 역학에 토대호 하여 전자는 원자핵 주위에 구름처럼 퍼져 있으며 어느 공간에서 전자를 발견할 수 있는 확률을 계산하여 확률 분포를 구름처럼 그린 전자 구름을 갖는 원자 모형이다.

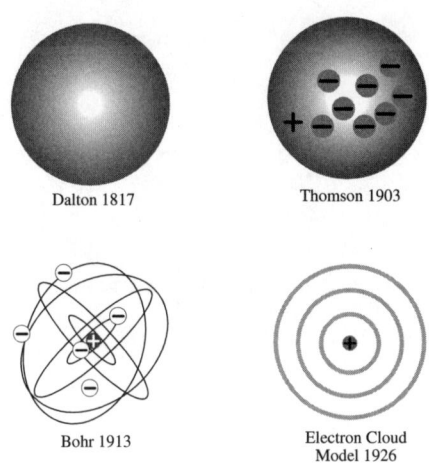

Dalton 1817

Thomson 1903

Bohr 1913

Electron Cloud Model 1926

[원자와 이온]

나트륨(Na) 원자는 원자핵에 11개의 양성자가 있고 핵 주위에 11개의 전자가 있고 최외각에는 1개의 전자가 있다. 이와 같이 나트륨이 가진 양성자 수와 전자 수가 같아 전지적으로 중성일 경우 나트륨 원자라고 한다.

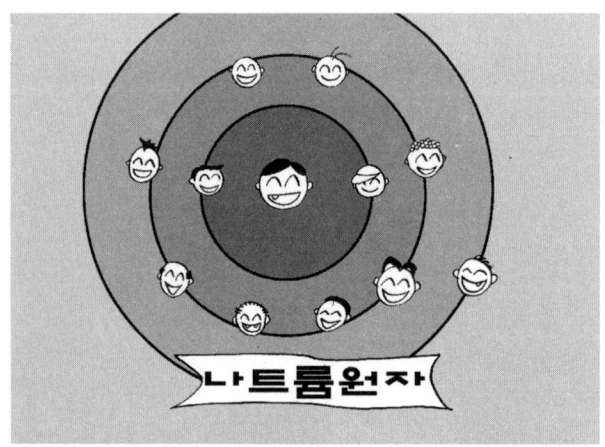

원자 내의 최외각 전자들은 안쪽의 전자들보다 원자핵으로부터 훨씬 약하게 구속되어 있어 외부의 여러 영향(빛, 열, 전지적인 영향)을 받으면 원자로부터 쉽게 떨어져 나갈 수 있다.
 나트륨 원자의 경우 최외각 전자가 그 궤도에서 벗어나 원자 밖으로 튀어나가면 전자는 10개가 되고 양성자는 그

대로 11개 이다. 따라서 나트륨 원자는 전지적으로 (+)성질을 갖게 된다. 이것을 나트륨 이온(Na^+)이라고 한다. 전자가 튀어나가면 원자는 이온이 된다.

이온화 에너지

외부로부터 원자에 주어지는 에너지가 더욱 높고 그 에너지를 받아 핵외 전자가 원자 밖으로 튀어나가 버리는 현상을 이온화(ionization)라고 한다.

바닥상태의 원자로부터 가장 외곽의 전자를 이온화 시키는데 필요한 에너지의 전압을 제 1 이온화 에너지라고 한다. 원자에 더욱 많은 에너지가 주어지면 안쪽의 전자도 이온화할 수 있다. 즉 핵외 전자가 없어지는 전압을 제 2, 제3 이온화 에너지라고 한다.

[기체의 제 1 이온화 전위]

기 체	이온화전압(eV)	기 체	이온화전압(eV)
He	24.58	H	15.44
Ne	21.55	H	3.54
Ar	15.75	O	12.2
Kr	13.96	O	13.57
Xe	12.12	N	15.58
Hg	10.42	N	14.51

[전기력]

대전체 사이에 작용하는 힘을 전기력이라고 하며 같은 부호의 전기 사이에는 척력, 다른 부호 전기 사이에는 인력이 생긴다. 전기력의 크기는 쿨롱(Coulomb, 1736~1806)의 법칙으로 구한다.

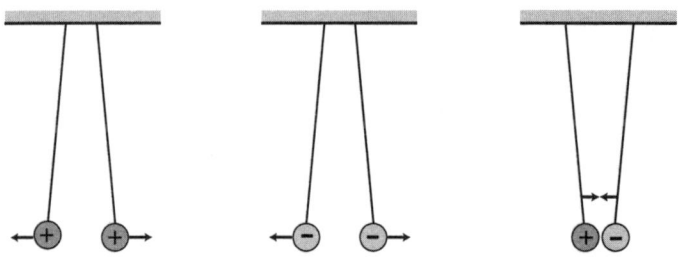

쿨롱의 법칙은 전기력의 크기를 구하는 법칙으로 전기력의 크기는 전기량의 곱에 비례하고 거리의 제곱에 반비례한다. 전기량의 크기가 q_1, q_2인 두 대전체가 거리 r만큼 떨어져 있을 때 대전체 사이에 작용하는 힘 F는 다음과 같다.

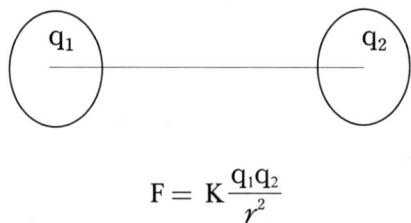

$$F = K\frac{q_1 q_2}{r^2}$$

쿨롱의 법칙과 만유인력의 법칙은 둘 다 거리의 제곱에 반비례 하는 유사성을 가지고 있다. 그러므로 임의의 두 물체 사이의 전기력과 만유인력의 힘의 비율은 거리에 무관하다. 쿨롱의 법칙에서 비례상수 K는 만유인력 법칙의 G에 해당한다. 만유인력에서 비례상수 $G = 6.67 \times 10^{-11} Nm^2/kg^2$으로 아주 작으나 전기력의 비례상수 $K = 9 \times 10^9 Nm^2/C^2$으로 매우 큰 값이다.

비례상수 값이 매우 크다는 것은 전기력의 크기가 만유인력의 크기보다 크다는 것을 의미한다. 일반적으로 두 물체가 전하를 가지고 있을 때 그 물체 사이에 작용하는 전기력은 만유인력보다 훨씬 강하다. 예를 들면 전자와 양성자 사이에 전기력의 크기는 그들 사이에 작용하는 만유인력보다 약 10^{39}배나 강하다. 따라서 전기력에 비해 만유인력은 무시할 수 있다.

[전기력의 비례상수 K]

 같은 부호의 전하끼리는 척력이 작용한다. 전기량의 크기가 1C인 두 대전체가 진공 중에서 거리 1m 떨어져 있을 때 서로 작용하는 힘은 $F=9\times10^9 N$이다. 따라서 쿨롱의 법칙에 의해

$$F = K\frac{q_1 q_2}{r^2}$$

이므로

$$9\times10^9 N = K\frac{(1C)(1C)}{(1m)^2}$$

이다. 따라서 비례상수 K는

$$K = 9\times10^9 N\cdot m^2/C^2$$

의 값을 갖는다.

[전기력선]

전기장 내의 단위 양전하(+1C)가 전기장으로부터 힘을 받아 움직일 때 생기는 궤적을 이은 선을 전기력선이라고 한다. 전기력선은 단위 양전하에 작용하는 힘의 방향을 나타내므로 역선이라고도 한다. 전기장을 보다 효과적으로 표현하는 방법은 전기력선으로 표시하는 것이다.

(+)전하의 근처에 단위 양전하 놓으면 (+)전하로부터 멀어지는 방향으로 힘을 받아 움직인다. 그러나 (-)전하의 근처에 단위 양전하 놓으면 (-)전하에 가까워지는 방향으로 힘을 받아 움직인다.

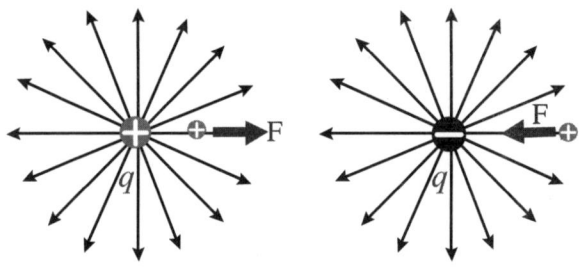

(+)전하 근처의 임의의 점에서 단위 양전하는 (+)전하로부터 동경 방향으로 멀어진다. 따라서 전기력선은 (+)전하가 있는 점으로부터 발산한다.

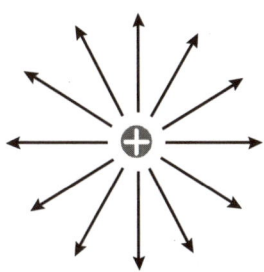

(−)전하 근처의 임의의 점에서 단위 양전하는 (−)전하 쪽으로 들어가는 방향을 향한다. 따라서 전기력선은 (−)전하가 있는 점으로 수렴한다.

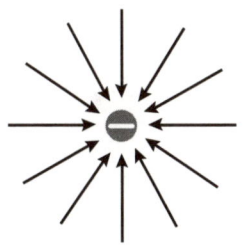

전하 q로부터 멀어짐에 따라 전기장은 점점 약해지고 전기력선은 점점 벌어진다. 즉 전기력선의 선과 선사이의 간격이 전지장의 크기를 나타내며 간격이 작을수록 전기장의 크기가 크고 간격이 클수록 전기장의 크기는 약하다.
  전기력선의 특징을 다음과 같이 요약할 수 있다.
  ① 전기장의 방향을 표시하며 (+)전하가 받는 힘의 방향과 같다.
  ② 도중에 교차되거나 분리되지 않는다.
  ③ 대전체 표면에 수직으로 나오거나 들어간다.
  ④ (+)전하에서 (-)전하로 향한다.
  ⑤ 전기력선상의 임의의 점에 그은 접선의 방향이 그 점의 전기장의 방향이다.
  ⑥ 전기력선에 수직인 단위 면적을 통과하는 전기력선의 수가 그 점에서의 전기장이 세기이다. 즉 전기력선이 밀집된 곳일수록 전기장의 세기가 크다.

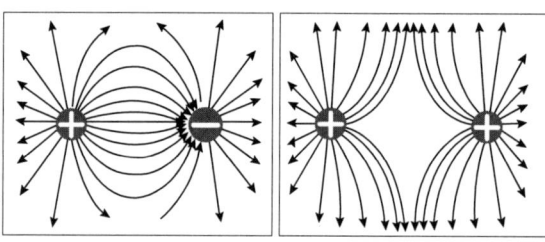

전기 사용 시 주의 사항

전기는 우리 생활에 편리함을 주기도 하지만 잘못 사용하면 큰 불행을 준다. 사람의 몸도 도체이므로 작은 전류에도 감전이 될 수 있고 감전되면 전기 쇼크를 일으켜서 큰 화상을 입거나 전기 쇼크을 일으켜서 사망할 수도 있다. 또한 전선이 과열되거나 누전으로 인해 화재가 발생할 수도 있다. 이러한 피해들은 조금만 더 신경을 써서 주위를 기울이면 막을 수 있다. 전기를 사용할 때 안전사고를 예방하기 위해 꼭 알아두어야 할 안전 수칙은 다음과 같다.

① 전선을 플러그에 제대로 연결하여 콘센트에 완전히 접속하여 사용하고 알맞은 퓨즈를 사용한다.
② 전선과 플러그는 주기적으로 검사하고 닳았거나 손상이 있으면 교체한다.
③ 물이 묻은 손으로 전선, 플러그, 콘센트와 스위치 등을 만지지 않는다.
④ 전선을 잡아당기어 플러그를 콘센트에서 뽑지 말고 플러그를 잡고 뽑는다. 전기 제품 끌지 않도록 한다.
⑤ 전기 제품을 물이 있는 곳에 두지 말고 전기가 들어와 있는 상태에서 물과 같은 조리할 음식을 넣지 않는다.
⑥ 한 개의 콘센트에 여러 가지의 전기 제품을 연결하여

사용하지 않도록 한다.

안전 수칙을 제대로 지키기만 하면 전기는 마음놓고 사용할 수 있다.

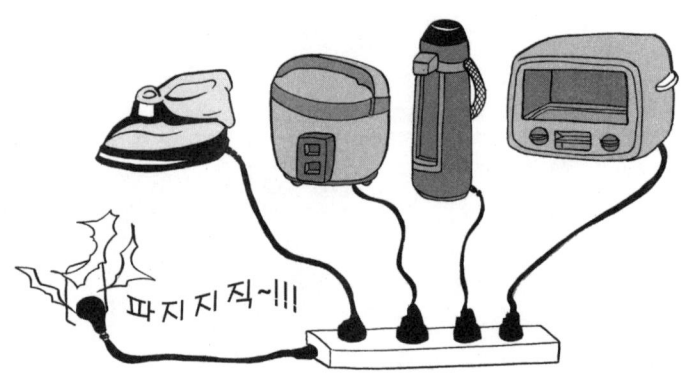

[전기 에너지]

　전기는 사람들의 생활에 여러 형태로 쓰이며 많은 도움을 주고 있다. 전기를 사용한다는 것은 전기가 갖는 에너지를 사람들이 이용하고 싶은 에너지의 형태로 변환하는 것을 말한다.
　전기 제품을 사용할 때 전류가 흐르면서 전기 에너지가 빛 에너지나 열 에너지나 운동 에너지로 바꾸기 때문이다. 조명을 밝히는 빛 에너지, 전기 난로를 따뜻하게 하는 열 에너지. 빨래를 하는 세탁기를 돌리는 운동 에너지로 변환하여 일을 하는 것이다.

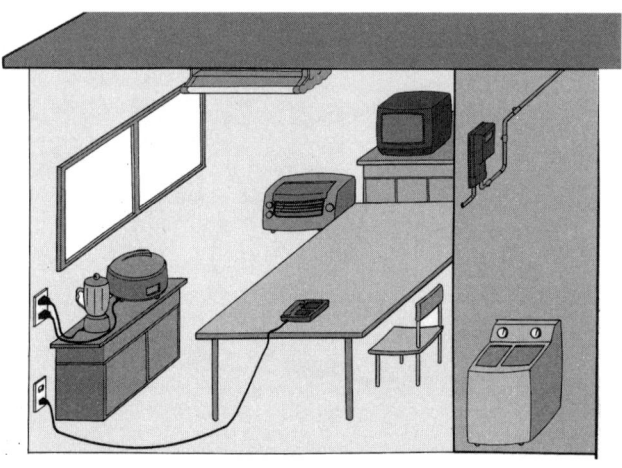

[전기 에너지 절약 방법]

    우리 생활에서 없어서는 안 되는 전기는 석탄, 석유, 우라늄 등의 에너지 자원을 가공하여 만든 것이다. 우리 나라는 이와 같은 에너지 자원을 해외에서 90%이상 수입하고 있다. 따라서 전기 에너지를 절약하는 습관을 생활화해야 한다.

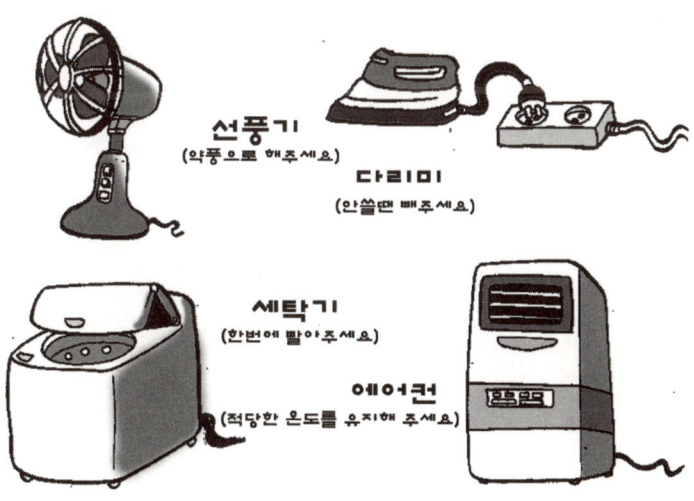

선풍기
(약풍으로 해주세요)

다리미
(안쓸땐 빼주세요)

세탁기
(한번에 빨아주세요)

에어컨
(적당한 온도를 유지해 주세요)

[전기 용량]

축전기는 전하를 모아둘 수 있는 장치로 보통 사용하는 축전기는 평행판 축전기이다. 이것은 절연 매질에 의해 분리된 두 개의 커다란 도체 판이 평행하게 되어 있는 것이다. 축전기를 건전지 같은 전원 장치에 연결하면 두 도체 판사이의 전위차가 건전지의 전위차 와 같아질 때까지 한 도체 판에서 다른 도체 판으로 전하가 신속하게 이동하여 양(+)극에 연결된 금속판에는 양전하가 모이고 맞은 편 가까이에 있는 또 다른 금속판에는 음전하가 모인다.

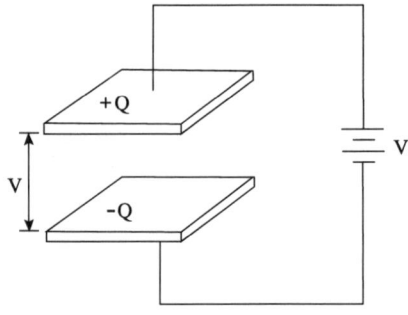

도체 판에 모이는 전하의 양은 전원 장치의 전위차 및 판의 면적, 두 판사이의 간격과 같은 축전기의 기하학적 모양에 따라 달라진다.

전하를 저장하는 축전기의 능력을 나타내는 척도를 전기 용량(capacitance)이라고 한다. 원통형의 그릇에 물을 부을 때 밑면적이 넓을수록 수면의 상승이 적고 많은 물을 담을 수 있다. 이와 마찬가지로 도체에 양전하를 주면 전위가 높아지고 음전하를 주면 전위가 낮아지는데 도체에 많은 전기를 모으려면 전하를 주어도 전위가 많이 높아지지 않는 도체를 써야 한다.

평형 조건에서 한쪽 판에 모인 전하의 크기 Q는 두 판사이의 전위차 V에 직접 비례한다. 이 때 Q와 V를 연결하여 주는 비례 상수를 축전기의 전기 용량 C라 부른다.

$$Q = CV$$

따라서 전기 용량은

$$C = \frac{Q}{V}$$

이다. 축전기의 전기 용량은 축전기가 저장할 수 있는 단위 전압당 전하의 양이다. 다시 말해 전기 용량은 주어진 전위차에 대하여 얼마나 많은 전하를 저장할 수 있는가를 나타내는 척도이다.

축전기가 저장할 수 있는 단위 전압당 전하가 많을수록 전기 용량은 커진다. 전기 용량의 단위는 전하의 단위를 전압의 단위로 나눈 것으로 coulomb/volt(C/V)로 영국의 실험 물리학자 패러데이(Faraday, 1971~1867)의 이름을 따서 패럿(farad, F)이라 부른다. 즉,

$$1F = 1C/V$$

이다. 1F은 두 극판 사이에 전위차가 1V일 때 1C의 전하량을 축적할 수 있는 전기 용량이다. 패럿은 좀 큰 단위이기 때문에 보통 용량이 $10^{-6}(\mu F)$에서 의 $10^{-12}(\mu F)$범위에 속하는 축전기를 주로 사용한다.

[전기장]

전기력이 작용하는 공간을 전기장(electric field)이라고 한다. 전기장은 벡터량이므로 크기와 방향을 표시해야 하며 크기를 표시하는 값이 전기장의 세기이고 방향을 표시하는 것이 전기력선이다.

전기장 내의 한 점에 q_0의 시험 전하(+1C)를 놓았을 때 시험 전하에 작용하는 전기력의 크기를 그 시험 전하의 크기로 나눈 것을 그 점에서의 전기장의 세기라고 하고 전기력의 방향을 그 점에서의 전기장의 방향이라고 한다. 다시 말해 전하 가 있는 어떤 공간에 시험 전하 q_0가 놓여 있을 때 그 시험 전하에 작용하는 힘이 F라면 그 점에서의 전기장의 크기는

$$전기장 = \frac{시험\ 전하에\ 작용하는\ 힘}{시험\ 전하의\ 크기(전하량)}$$

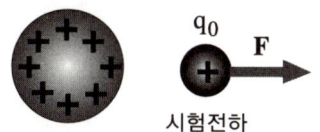
시험전하

문자로 표현하면

$$E = \frac{F}{q_0}$$

이다. 어떤 공간에서 전기장의 크기는 단위 전하당의 힘이다. 전기장의 세기를 구할 때는 그 점에 +1의 전하가 있다고 생각하고 푼다.

전하 q로부터 거리 r 떨어진 점의 전기장의 세기 E는 쿨롱의 법칙에서

$$E = \frac{F}{q_0} = K\frac{q}{r^2}$$

이다. 전기장의 크기가 E인 속에 놓여 있는 전하가 받는 힘은

$$F = Eq_0$$

이다.

[전기장과 전위]

    질량 m인 물체를 중력장 내에 놓아두면 위치 에너지가 낮아지는 쪽으로 떨어진다. 즉 운동 에너지가 증가하는 쪽으로 움직인다.

    전기장 내에 (+)전하를 놓아두면 전하는 전기장으로부터 힘을 받아 가속될 것이다. 이 경우 전하의 운동 에너지는 증가하는 반면에 위치 에너지는 감소한다. 질량을 갖는 물체가 보다 낮은 위치 에너지 쪽으로 떨어지는 것과 같이 전하도 보다 낮은 위치 에너지 쪽으로 움직인다.

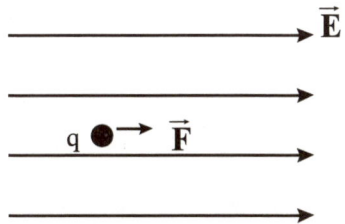

    (+)전하의 경우 보다 낮은 위치 에너지의 영역은 낮은 전위 영역이다. 따라서 (+)극을 높은 전위, (−)극을 낮은 전위라고 한다.

[전기 저항]

도선의 반경을 r, 길이를 ℓ, 단면적을 S라 할 때 도선의 전기 저항은 도선의 길이 ℓ 에 비례하고 단면적 S에 반비례한다.

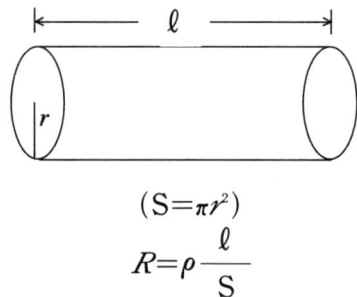

$$(S=\pi r^2)$$
$$R=\rho\frac{\ell}{S}$$

여기서 비례 상수 ρ는 물질의 종류에 따라 그 값이 정해지며 비저항이라고 한다. 부피가 일정하고 균일한 도선의 길이를 n배 늘리면 저항은 n^2배로 된다. 부피가 일정할 때 길이를 1% 늘리면 저항은 약 2% 증가한다.

  도체도 철이나 금에서보다 은이나 구리에서 전류가 더 잘 흐른다. 이것은 물질의 종류마다 전류의 흐름을 방해하는 정도가 다르기 때문이다. 전기 기구들의 각각 고유한 저항을 갖는다. 그러므로 전류와 전압은 서로 비례한다. 즉 전압이 두 배로 커지면 두 배의 전류가 흐른다. 그러나 저항의 크기가 두 배가 되면 전류는 반으로 작아진다. 저항이 클수록 작은 전류가 흐른다. 그래서 전기가 다니는 길인 도선에는 저항이 작은 구리선을 쓴다.

전 력

전류, 즉 움직이는 전하는 전구에 빛을 비추거나 히터나 오븐에 열을 발생시키거나 전동기를 회전시키는 일을 한다. 전하가 일을 하는 전기 에너지가 빛 에너지나 열 에너지나 역학적 에너지로 전환되는 비율을 전력이라고 한다. 전기제품을 사용할 때 얼마나 전기 에너지를 사용하였는가에 따라 전기 요금을 지불한다.

전기 에너지가 1초 동안에 한 일을 전력이라고 한다. 즉 단위 시간 동안 전기 에너지가 쓰여진 율이다.

$$전력 = \frac{일}{시간}$$

문자로 표시하면

$$P = \frac{W}{t}$$

이다. 전력의 단위는 일의 단위를 시간의 단위로 나눈 것으로 Joule/second(J/s)로 와트(watt : 줄여서 W)라고 부른다. 전력이 클수록 일을 하는 능력이 많다는 것이다. 따라서 100W와 60W의 전구가 있을 때 100W 쪽이 밝게 빛을 내어 일을 하는 능력이 크다는 것을 알 수 있다.

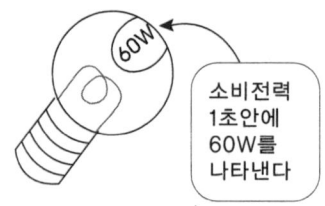

소비전력
1초안에
60W를
나타낸다

　전기 제품은 종류와 용량에 따라 소비되는 전력이 차이가 있다. 소비 전력이 큰 전기 제품은 전용 콘센트를 사용하여야 한다. 그리고 어뎁터을 이용하여 2개, 3개의 콘센트를 꽂아 사용할 때 전기 제품의 전체 와트 수가 1500W이하로 하여한다. 만약 와트 수를 계산하지 않고 문어발식 배선을 하면 코드가 과열하는 원인이 되어 위험하다.

[가정용 전기 제품의 전력]

전기 제품	전력(W)	전기 제품	전력(W)
텔레비전	100~200	청소기	500~800
세탁기	200~300	전기 밥솥	500~800
냉장고	100~500	전자 레인지	900~1200
전기포트	400~700	에어컨	700~1400

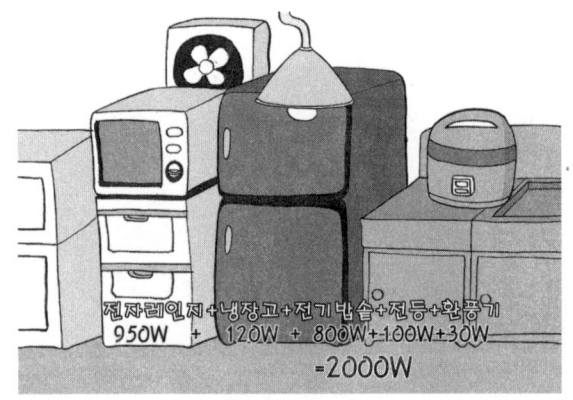

전력은 전류와 전압을 곱한 값으로도 구할 수 있다. 전압이 가해져 저항에 전류가 흘렀을 때 저항에서 소비되는 전력은

$$전력 = 전류 \times 전압$$

문자로 표현하면

$$P = IV$$

이다. 100W의 전구는 100V의 전압으로 1A의 전류를 1초 동안 흘렸을 때 빛을 내는데 소비되는 전력이다.

전력량

 사용된 총 에너지의 양은 에너지 사용율에 사용한 시간만 곱하면 얻어진다. 즉 전기 에너지가 t초 동안에 한 일의 양을 전력량이라고 하며 전력과 시간의 곱으로 표시된다.

$$전력량 = 전력 \times 시간$$

문자로 표시하면

$$W = Pt$$

이다. 따라서 에어컨으로 실내를 시원하게 할 때 1200W로 2시간 걸렸다면 이 때의 전력량은

$$W = Pt = 1200W \times 2h = 2400Wh = 2.4kWh$$

이다. 이것은 200W의 텔레비전을 12시간, 400W의 냉장고를 6시간, 600W의 전기 밥솥을 4시간 동안 사용한 전력량과 같다.

전류의 크기

전하가 도체 내를 이동하는 현상을 전류라고 하고 (+)전하의 이동 방향을 전류의 방향을 정한다. 따라서 전자의 이동 방향과는 반대이다.

전류의 세기는 도선 내의 어떤 단면을 단위 시간(1초) 동안에 이동하는 전하의 양(전하량)으로 정의한다. 즉 전하량을 시간으로 나눈 값이다. t초 동안에 이동한 전하량이 일때 전류의 세기 I는 다음과 같다.

$$전류 = \frac{전하량}{시간}$$

문자로 표현하면

$$I = \frac{q}{t}$$

전류의 단위는 전하의 단위를 시간의 단위로 나눈 것으로 사용한다. 즉 C/s(1초에 동안에 몇 개의 전하가 통과했는가)인 암페어(Ampere, 줄여서 A)를 사용한다.

1A란 어느 정도의 크기일까? 1A란 1초에 1쿨롱(C)의 전하가 흐를 때의 전류의 세기이다. 그런데 전자 한 개가 갖는 전하량은 1.6×10^{-19}C으로 상상 할 수 없을 정도로 작다. 이런 점에서 1A의 전류가 흐르기 위해서는 1초 동안에 1C의 전하가 필요하므로

$$\frac{1}{1.6 \times 10^{-19}} = 6.25 \times 10^{18} (개)$$

의 전자가 흐르게 된다. 즉 1A란 1초에 6.25×10^{18}개의 전자가 도선의 단면을 통과할 때와 같다.

6.25×10^{18}개의 전자가 1초 동안에 어떤 면을 통과하려면 아주 작은 속력이 요구된다. 구리와 같은 대표적인 금속에 있어서 단위 체적($1cm^3$)당 약 10^{23}개의 자유 전자가 있고 보통 가정에서는 15A의 전류용 전선을 사용한다. 이 때 전자자 전선 내를 이동하는 속도는 1초에 약 1mm씩 이동을 한다.

[전위와 전위차]

전기력이 작용하는 영역 안에 있는 전하는 운동을 한다. (+)로 대전된 물체 근처에 (+)전하가 놓이면 척력을 받기 때문에 (+)전하 를 (+)로 대전된 물체 쪽으로 가까이 가져가기 위해서는 (+)전하에 일을 해주어야만 된다. 이와 같이 일을 받아 이동한 전하가 새로운 위치에서 갖게 되는 에너지를 전기 퍼텐셜 에너지라고 한다. 이 전하를 자유롭게 두면 전하는 대전체로부터 가속되면서 멀어져 나가며 퍼텐셜에너지가 운동에너지로 바뀐다.

시험 전하를 무한 원점에서 어떤 점까지 이동시키는데 필요한 단위 전하당의 일을 그 점의 전위(전기 퍼텐셜)라고 하며 전기장 내에서 A점으로부터 B점으로 양전하를 이동시키는데 일을 했을 때 B점은 A점보다 전위가 높다고 하고 두 점 사이의 전위의 차를 전위차 또는 전압이라고 한다. 즉 단위 양전하가 그 점에서 갖는 전기적인 위치 에너지가 그 점의 전위이다.

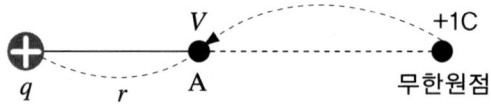

$$\text{전기 퍼텐셜} = \frac{\text{전기퍼텐셜 에너지}}{\text{전하량}}$$

전위가 0인 무한 원점에서 어떤 점까지 의 q_0 시험 전하를 이동시키는데 W의 일을 했을 때 그 점에서의 전위 V는

$$V = \frac{W}{q_0}$$

이다. 전위의 단위는 일의 단위를 전하의 단위로 나눈 것을 사용한다. 즉 J/C이며 볼트(V)라 부른다.

전자레인지

보통의 주방용 조리 기구는 음식물의 표면만 가열하지만 전자 레인지는 마이크로파를 사용하여 음식물에 포함되어 있는 수분의 물분자를 빠르게 진동시킴으로써 음식물을 내부로부터 가열하여 음식 조리하는 기구이다. 전자레인지는 마이크로파를 발생하는 마그네트론, 조작판, 팬, 회전판, 케이스 등으로 구성되어 있다. 전자레인지에서 나오는 강한 마이크로파는 인체에 해로울 수 있기 때문에 작동 중에 문이 열리지 않도록 문쪽에 걸쇠가 붙어 있고 케이스도 금속으로 만들어져 있다.

전자레인지에 사용하는 그릇은 마이크로파를 쉽게 통과시키는 유리나 내열성 플라스틱 그리고 도자기와 같은 그릇을 사용해야 한다. 금속이나 은박지와 같은 금속성 그릇은 마이크로파를 반사하므로 사용할 수 없다.

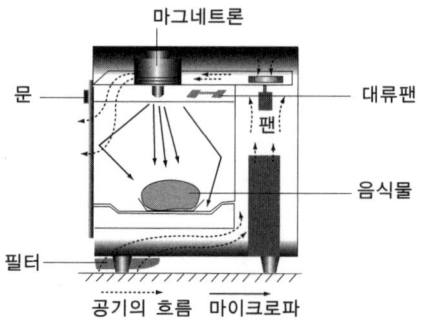

[전자 배치]

원자핵 주위에 존재하는 전자가 이루고 있는 불연속적인 몇 개의 전자의 층을 전자 궤도라고 한다. 전자는 원자핵 주위의 특정한 에너지 준위를 갖는 이 궤도를 따라 원운동을 한다. 전자 궤도에 들어갈 수 있는 전자의 수는 정해져있다. 원자핵에서 가장 가까운 첫 번째 전자 궤도에는 전자가 2개 들어간다. 그리고 두 번째 전자 궤도에는 8개, 세 번째 전자 궤도에는 18개의 전자가 들어간다. 즉 각 궤도 내의 전자 수는 2과 같다.

한 원자의 전자 배치에서 가장 바깥 전자 궤도에 채워지는 최외각 전자를 원자가 전자(valence electron)라고 한다. 원자가 전자는 1개에서 최대 8개의 전자로 구성되며 원자가 전자 수로 원자의 화학적 성질이 정해진다.

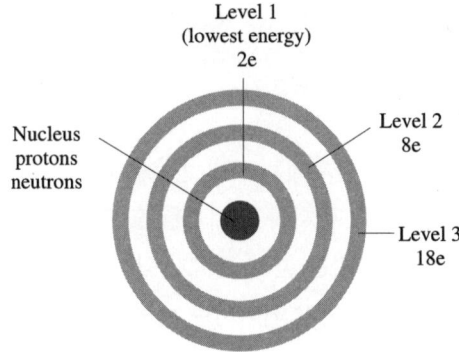

[전지와 축전지]

　전지라는 개념은 이탈리아의 볼타가 발명한 볼타 전지에서 시작된다. 볼타 전지는 이온화 경향이 다른 금속을 액체에 담그면 전자의 흐름이 생긴다는 것을 이용하여 만들었다. 묽은 황산에 구리와 아연판을 담그면 이온이 되기 쉬운 아연은 양이온이 되어 녹는다. 그러면 아연판에 남겨진 전자는 갈 곳을 잃어 도선을 따라 구리판으로 이동한다. 이러한 전자의 이동으로 전류가 흐른다.

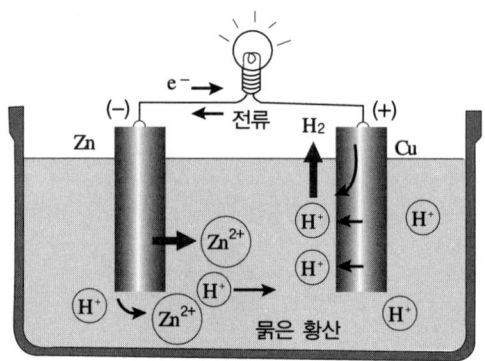

　현재 사용하는 전지에는 화학 반응을 이용하여 전기 에너지로 바꾸는 화학 전지와 에너지를 모으지 않고 전기에너지로 직접 변환시키는 물리 전지가 있다. 물리 전지에는 태양의 빛 에너지를 전기 에너지로 변환시키는 태양 전지 등

이 있다. 태양의 빛 에너지를 이용한 태양광 발전이 새로운 에너지원으로 주목받고 있으며 전자 계산기나 시계 등 일상 생활에 이미 이용되고 있다. 화학 전지에는 쓰고 버리는 1차 전지와 충전 타입인 2차 전지, 외부로부터 (+)극과 (-)극으로 연료를 받아들이면서 전기를 만드는 연료 전지 등이 있다.

건전지는 1차 전지로 망간 건전지, 알칼리 건전지, 리튬 전지, 수은 전지, 공기 전지 등이 있다. 2차 전지에는 휴대 전화나 전기 면도기의 충전등에 쓰이는 니켈 카드뮴 전지, 자동차에 널리 쓰이는 납축전지 등이 있다. 축전지는 (+)극과 (-)극, 전해액 사이의 화학 반응을 통해 방출되는 전기를 얻고 또 충전하여 다시 쓸 수 있는 화학 전지이다.

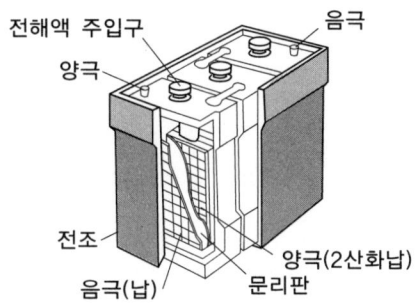

[납축전지]

전하의 양자화

모든 대전체가 지닌 전기량의 최소 전기량 e를 기본 전하라고 하면 전자 1개가 갖는 전기량과 같다.

$$e = 1.6 \times 10^{-19} C$$

기본 전하인 전자의 전기량은 밀리칸의 유적(기름 방울) 실험으로 측정했으면 모든 기름방울의 전하량은 기본 전하량의 정수배임을 알아냈다.

물체가 전자를 잃으면 (+)전기를 띠게 되고 전자를 얻은 물체는 (−)전기를 띠게 된다. 즉 전자수를 변화시키면 물체는 전기를 띠게 된다.

물체가 전기를 띠게 되었다는 것은 보통 상태보다 전자의 수가 많아지거나 적어졌기 때문이다. 즉 전기를 띤 물체가 가지고 있는 전기의 양, 즉 물체에 대전된 전하량은 전자 전하량의 정수배임을 의미한다. 물체에 대전된 전하량이 전자 전하량의 1/2 또는 3/4 배가 아니다. 모든 대전된 물체의 전하량은 항상 전자 한 개의 전하량의 정수배이다. 이를 전하의 양자화라고 한다.

[접지의 필요성]

전자 레인지나 세탁기, 냉장고 등 습기가 많은 곳에 설치되어 있는 전기 제품에 접지가 쓰인다. 만약 접지가 필요한 전기 제품을 구입할 때 가정의 콘센트가 접지되어 있지 않으면 접지선을 지면에 연결하는 공사를 해야 한다.

세탁기의 배선이 잘 되어 있고 전기 회로도 정상이면 접지선으로는 전류가 흐르지 않는다. 접지선이 없을 때 혹시 전선이 흔들리고 느슨해져 피복이 벗겨진 전선이 세탁기의 겉면과 닿은 상태에서 사람이 세탁기에 접촉하면 감전될

수 있다. 접지선이 없다는 것은 감전 가능성이 있다는 뜻이다. 접지선이 있으면 세탁기에서 접지선을 통해 땅으로 통하는 회로가 만들어져 사람을 보호하는 역할을 한다. 전류가 과다하게 흐르면 퓨즈는 끊어지겠지만 적어도 사람이 감전되지는 않는다.

전기 배선을 제대로 하려면 접지가 꼭 필요하다. 이것 역시 사람을 더욱 안전하게 보호하려는 것 중의 하나이다.

[줄열]

  니크롬선에 전류가 흐르면 열이 발생한다. 이 열을 이용하여 요리나 난방을 한다. 전류가 도선을 따라 흐를 때 전자가 도선 내의 금속 원자와 충돌하기 때문에 방해를 받는다. 이러한 충돌 과정에서 열이 발생한다. 즉 전기 에너지가 소비되어 열 에너지로 변환된 것이다. 전기 에너지를 열로 변하는 예는 다리미, 전기 밥솥, 드라이어 등 수없이 많다.

  전기 에너지를 빛에너지로 바꿀 때에는 많은 양이 열로 방출되기 때문에 효율이 나쁘다. 백열 전구의 경우 줄열로 방출된 에너지 중 빛에너지로 이용할 수 있는 비율은 7~8%에 지나지 않아 형광등에 비하면 효율이 매우 낮다. 그러나 전기 에너지를 열에너지로 변환시킬 때에는 100% 활용할 수 있으므로 이용 가치가 높다.

[직류와 교류]

전류에는 항상 (+)극에서 (−)극 쪽으로 일정하게 흐르는 직류와 전류 방향이 교대로 변하면서 흐르는 교류 두 종류가 있다.

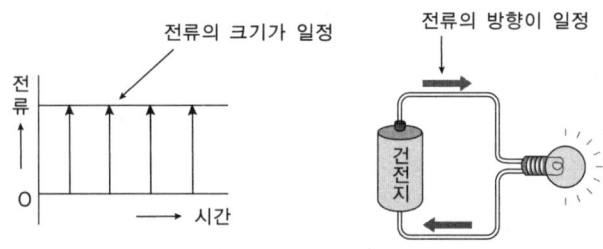

[직류(전지에서 흐르는 전류)]

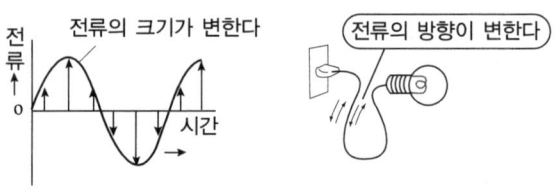

[교류(일반 가정용 전원)]

직류의 전원은 화학 에너지로 바꿔 저장해 놓을 수 있어서 사용할 때 전기 에너지 형태로 다시 출력시킬 수 있다.

전지가 바로 이런 원리이며 시작할 때 강력한 힘을 필요한 전원에 적합하다. 예를 들어 전철에 보내져 오는 전류는 직류 모터를 쓰는 경우가 많다.

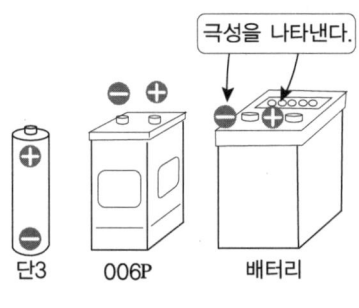

[직류 전원]

보통 가정의 콘센트에 전해지는 전류는 교류다. 교류 전류는 전류의 방향이나 전압의 크기를 자유롭게 바꿀 수 있다. 그래서 발전소에서 교류를 보내는 경우에는 전압을 높여서 되도록이면 송전을 통한 에너지 손실이 없도록 한다.

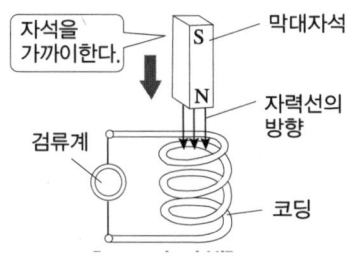

[교류의 발생]

동력원으로 전류를 쓸 때나 오디오 기기와 같이 한 방향으로 안정하게 전류를 공급할 때는 교류를 일단 직류로 바꾼다. 인버터라는 장치를 사용하여 교류의 주파수를 높은 주파수로 하여 모터의 움직임을 조절하기도 하고 다이오드라는 정류자를 사용하여 교류를 직류로 바꾸기도 한다.

자기장 속에서 대전 입자가 받는 힘

운동하는 두 전하들이 가까이 있게 되면 운동하는 한 전하 주위에 형성되는 자기장과 운동하는 다른 전하 사이에 상호작용이 일어난다.

전하가 자기장 속에서 어떤 속도로 운동하고 있다. 이때 자기장으로부터 작용하는 힘은 전하 그리고 속도의 크기와 방향에 의존하는 것이 밝혀졌다. 전하의 크기와 속도를 바꾸어 가면서 실험을 수행하여 다음과 같은 결과를 얻었다.

> 전하에 작용하는 힘은 전하량 와 속력에 비례하고
> 힘의 방향은 속도와 자기장의 방향에 다같이 수직이다.

전하량 q인 전하가 자기장 B속에 직각으로의 속력으로 운동한다면 실험 결과에 의하면 이 전하가 받는 힘 F는 다음과 같이 표현된다.

$$F = Bqv$$

자기장의 방향과 전하의 운동 방향이 의 각을 이룰 때는

$$F = Bqv\sin\theta$$

의 관계가 성립한다. 여기서 각 θ는 속도와 자기장의 사잇각이다. 따라서 자기장의 방향과 전하의 운동 방향이 같거나 반대이면 그 전하는 자기장으로부터 힘을 받지 않는다. 즉 $\theta=0$ 또는 $\theta=180°$일 때는 $F=0$이다. 또한 자기장 속에 정지해 있는 전하도 힘을 받지 않는다. $v=0$일 때도 $F=0$이다.

[자기장 속에서 도선이 받는 힘]

자기장 속에 놓여 있는 도선에 전류가 흐르면 도선은 힘인 전자기력의 크기는 자기장(B)의 세기에 비례하고 전류(I)의 세기에 비례하며 도선의 길이(ℓ)에 비례한다. 따라서 전류 I가 흐르는 길이 인 도선이 자기장 B속에 수직으로 놓여 있을 때 이 도선이 받는 힘 F는

$$F = BI\ell$$

이다. 자기장의 방향과 도선에 흐르는 전류의 방향이 이루는 각이 θ이면

$$F = BI\ell \sin\theta$$

의 관계가 성립한다. 따라서 자기장의 방향과 전류의 방향이 같거나 반대이면 그 도선은 힘을 받지 않는다.
즉 $\theta = 0$ 또는 $\theta = 180°$ 일 때는 F=0이다.

초음파

　약 2만Hz 이상의 높은 주파수로 진동하고 있는 음파. 매우 높은 주파수이므로 우리 귀에는 들리지 않는다. 박쥐는 어둠 속에서 생활하지만 초음파를 발사해 반사되어 돌아오는 음파를 듣고 지신이나 사물의 위치 등을 확인한다.
　초음파는 가습기, 안경 세척기와 정밀 기기의 세정에도 이용된다. 가습기는 초음파를 발생하여 물을 분무 상태로 뿜어내면서 공기 중으로 보낸다. 이 초음파 가습기는 전기 요금은 싸지만 수돗물에 포함된 마그네슘, 칼슘 등이 가구나 오디오 기기에 희게 부착되는 문제점 때문에 현재는 스팀식이 많이 이용되고 있다. 안경 세척기는 안경점에서 쉽게 볼 수 있는데 초음파로 물에 진동이 전해져 안경에 묻은 불순물을 떼어낸다. 게다가 초음파는 의료 분야에서도 많이 활용된다. 체내로 보내진 초음파가 반사하여 되돌아오는 시간 차이를 계산하여 장기나 태아의 모습을 그리는 진단 등에 이용된다.

파의 특성

잔잔한 물 위에 돌을 던지면 물결이 생겨 사방으로 퍼져 나간다. 이 때 물은 상하 진동만하고 운동 상태만 멀리까지 전달된다. 이와 같이 한 점에서 일어난 진동 상태가 차례차례 멀리까지 퍼지는 현상을 파동(wave)이라고 한다. 즉 매질의 진동에 의한 에너지 전달 현상이다. 수면파는 물이 있어야만 생기고 음파(소리)는 공기가 있어야만 전달된다. 이와 같이 파동을 전해주는 물질이다. 수면파 매질은 물이고 음파의 매질은 공기이다.

파동을 분류하는데 파동의 진행 방향과 매질의 운동 방향의 관계에 따라 횡파와 종파로 나눌 수도 있다. 줄의 한쪽 끝을 벽에 고정시키고 다른 한쪽을 손으로 잡고 아래위로 흔들면 파형이 줄을 따라 이동한다. 이 경우 줄의 운동은 파동의 진행 방향과 수직이다. 이와 같이 파동의 진행 방향과 매질의 진동 방향이 서로 수직인 파동을 횡파(transverse wave)라고 한다.

줄의 각 부분들은 아래위로만 움직이지만 파형의 모양은 줄을 따라 이동한다. 줄은 파형의 모양이 지나간 다음 원래의 상태로 돌아온다. 이와 같이 줄을 따라 이동한 파형은 반대편 벽을 툭툭 친다. 즉 에너지를 전달한다. 이 때 줄이 직접 이동한 것이 아니라 진동 상태가 이동하여 에너지를 전달한 것이다. 이와 같이 진동 상태가 이동하여 에너지를 전달하는 것을 파동이라 한다. 파동에서 물질 자체가 이동하는 것이 아니고 파형이 이동되어 가는 것이다.

횡파는 물결치는 파(파도타기 응원), 지진파 중에서 S파가 있다. 파도타기 응원에서 사람들이 위아래로 앉았다 일어났다 하면 파가 옆으로 나간다. 즉 매질인 사람의 운동 방향과 파의 진행 방향이 서로 수직이다.

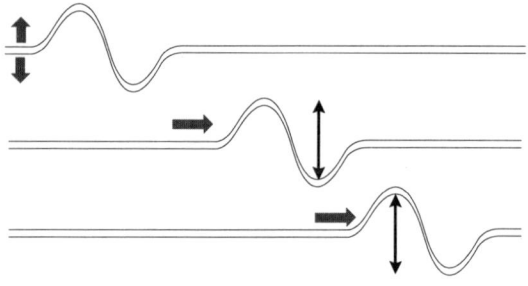

모든 파가 횡파인 것은 아니다. 어떤 파동에서는 매질의 운동이 파동의 이동 방향과 같이 앞뒤로 움직인다. 용수철의 한 끝을 고정하고 다른 끝을 앞뒤로 흔들면 용수철은 앞뒤로 진동을 하면서 앞으로 진행한다. 이와 같이 파동의 진행 방향과 매질의 진동 방향이 서로 평행인 파동을 종파(longitude wave)라고 한다. 종파는 음파(소리)와 지진파 중에서 P파가 있다.

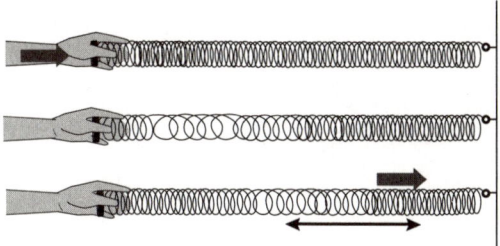

[퓨즈와 차단기]

　전선과 전기 기구 등에 갑자기 많은 전류가 흐르면 누전 등의 사고로 전기 화재가 발생하게 된다. 규정 이상의 전류가 흐르면 전류를 차단시킴으로써 사고를 예방하는 기구로는 커버 나이프 스위치와 전류 차단기가 있다.
　커버 나이프 스위치는 손잡이를 아래 내리거나 위로 올림으로써 열고 닫을 수 있다. 과전류가 발생하면 커버 나이프 스위치 안에 있는 퓨즈가 녹아서 끊어진다. 퓨즈가 끊어졌을 경우 그 원인을 찾아 수리한 다음 반드시 규정된 정격의 퓨즈로 끼워야 한다.
　전류 차단기는 누전이 일어나는 경우 회로를 자동으로 차단시킴으로서 감전이나 화재를 막는다. 누전으로 인해 차단기가 작동했을 경우 누전의 원인을 찾아 수리하고 나서 스위치만 위로 올리면 다시 전기가 통하게 된다.

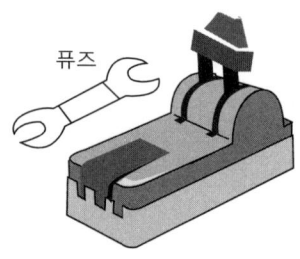
퓨즈

퓨즈 끊어지거나 차단기가 내려가면 주위는 캄캄하다. 퓨즈도 한도 이상의 전류가 흐르면(15A 이상) 스스로 저항열에 의해 녹아 전기를 끊는다. 소재는 납과 주석, 비스무트 합금이 많다. 퓨즈는 과잉 전류가 흐를 때마다 끊어지기 때문에 끊어질 때마다 퓨즈를 바꿔야 한다. 그 때문에 가정에서는 퓨즈를 대신해서 차단기를 설치한다. 차단기는 전기를 과하게 쓰면 차단 스위치를 내려 회로를 끊는다. 스위치를 내려가기만 하므로 간단하게 복귀시킬 수 있다. 차단기의 정식 명칭은 전류 차단기(ampere breaker)다. 배전반 끝에 있는 네모난 스위치가 전류 차단기이다. 전류 차단기는 일정 이상의 전기가 흐르면 자동적으로 전기를 멈춘다. 정격 전류량에 따라 차단기의 색이 구별되어 있다.

색	빨간색	분홍색	노란색	초록색	회색	갈색
전류	10A	15A	20A	30A	50A	50A

[플러그와 콘센트]

옥내 배선과 전기 제품을 연결시켜주는 기구로는 플러그와 콘센트가 있다. 전기 제품의 플러그가 세 개의 선으로 되어 있다면 수평으로 놓여있는 두 개의 동그란 것은 전류가 흐르는 선이다. 다른 하나의 동그란 것은 접지로 땅에 연결되어 있다. 즉 전기 제품의 몸체를 지면과 연결시켜 전기 제품에 전하가 쌓이면 지면으로 흘러 보낸다.
 전류가 흐르는 선이 잘못되어 전기 제품의 몸체에 사람이 접촉되면 전류는 접지선으로 흘러가고 제품을 만지던 사람은 아무런 피해를 입지 않는다. 우리나라의 전기 플러그는 220V용으로 두 개의 선으로 되어 있다.

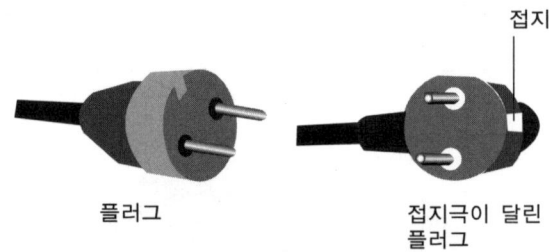

플러그   접지극이 달린 플러그

콘센트에는 두 개의 구멍이 뚫려있으며 콘센트에는 접지선이 따로 들어와 있다. 여기에는 보통 교류 전류 220V의 전압을 사용한다. 플러그는 두 개의 날로 구성되어 있는데 플러그를 콘센트에 끼우면 선이 연결되어 한쪽의 날에 전류가 흘러 전원 역할을 한다. 그리고 반대쪽의 구멍으로 전류는 되돌아간다.

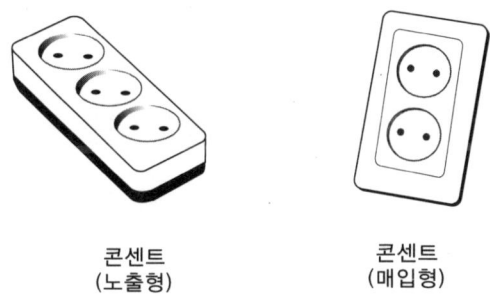

콘센트
(노출형)

콘센트
(매입형)

[형광등]

형광등(Fluorescent lamp)은 백열등과 함께 대표적인 조명기구이다. 형광등은 배열 잔구보다 발광 효율이 좋고 전력 소비가 적어 경제적이고 수명은 백열등보다 5~10배이다. 형광등은 형광 방전관, 안정기, 점등관 등으로 구성되어 있다.

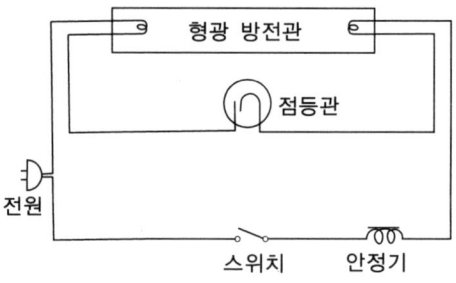

형광등은 형광 방전관을 진공으로 한 후 수은 기체를 넣고 방전을 일으켜 여러 가지 파장의 자외선이 유리관 내면에 칠해져 있는 형광 물질을 빛나게 하는 것이다. 전원을 연결하면 먼저 점등관(글로 램프)이 점등(방전)한 후 전류가 안정기로 흘러 고전압을 발생하여 방전이 일어난다. 즉 전류는 안정기로부터 방전관의 양쪽 필라멘트로 흐른다. 전류가 흘러 필라멘트가 가열되면 열전자가 튀어나온다. 방전이 일어나면 수은 기체와 전자가 충돌하기 때문에 수은 원자로부터 자외선이 방출된다. 자외선은 주파수가 높아 사람의 눈으로는 관찰되지 않는다. 그러나 형광관 안에 형광체에 칠해져 있어서 이것이 자외선을 흡수하여 빛(가시광선)을 방출한다. 이 과정을 형광이라고 한다.

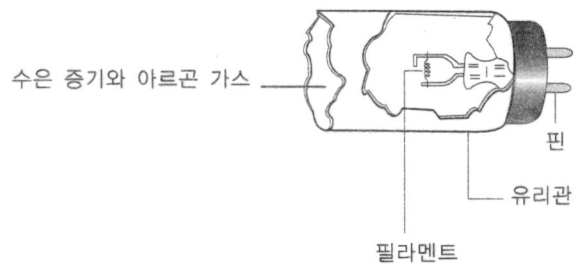

[힘]

물체가 어떤 시간에 한 위치에 있고 어느 정도 시간이 지난 다음에 다른 위치에 있다면 운동이 일어난 것이다. 그렇다면 운동은 무엇 때문에 일어나는가?

정지해 있는 공을 발로 차면 운동 상태가 될 것이다. 굴러가는 공을 밀면 속도가 빨라지고 잡아당기면 공은 속도가 줄어들어서 정지하게 된다. 모든 경우에 운동의 상태를 변화시키기 위해서는 밀거나 잡아당기는 작용을 가해야 한다. 이와 같이 물체의 운동 상태를 변화 시키는 원인을 힘(force)이라고 하고 밀거나 당겨 물체의 운동 상태를 변화시키려면 반드시 접촉을 해야 한다.

평평한 곳에 공을 놓으면 공은 움직이지 않고 정지해 있고 이 공에 밀거나 당기는 힘이 작용하지 않으면 물체는 움직일 수 없다. 따라서 얼핏 생각하기에는 경사면 위에 놓여 있는 공에는 밀거나 당기는 힘이 작용하지 않는 것처럼 생각된다. 이와 같은 생각은 항상 접촉을 해야만 힘을 전달할 수 있는 뉴턴(Newton) 운동법칙에서는 당연한 것처럼 생각된다.

경사면 위에 공을 놓으면 아래쪽으로 굴러 내려간다. 즉 운동 상태가 변한 것이므로 힘이 작용한 것이다. 위와 같이 힘은 반드시 접촉을 해야만 작용하는 것이 아니다.

경사면 위에 놓여져 있는 공이 경사면을 따라 아래로 떨어지는 이유는 접촉에 의해 작용하는 힘이 아니라 떨어져 있으면서 작용하는 중력 때문이다. 중력이란 지구가 물체를 지구 쪽으로 잡아당기는 힘이다. 중력이 공을 잡아당겨 아래로 내려오게 하는 것이다. 모든 힘은 접촉을 해야만 작용하는 것은 절대 아니다. 전하 사이에 작용하는 전기력, 자석 사이에 작용하는 자기력 등은 전하와 전하, 자석과 자석이 떨어져 있어도 서로 힘을 작용한다. 위와 같이 힘은 반드시 접촉을 해야만 작용하는 것이 아니다. 이와 같이 떨어져 있어도 작용하는 힘은 중력, 전기력, 자기력이 있다.

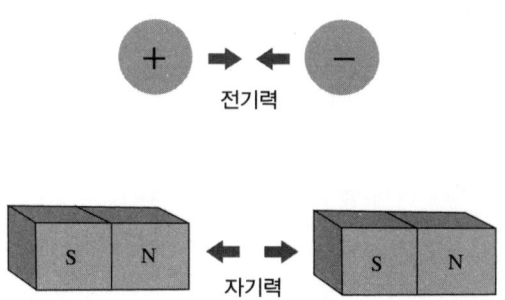

■ 저자

· 이준회(이학박사)
  저서 : 생활속의 과학이야기
        중1학생이 알아야 할 과학 상식
        중2학생이 알아야 할 과학 상식
        중3학생이 알아야 할 과학 상식
        내 손안의 상대성 이론
        내 손안의 태양계

저자와 협의
인지 생략

생활속의 전기 이야기

2005년 8월 30일 제1판제1발행
2009년 8월 15일 제1판제2발행

          저 자 이 준 회
          발행인 나 영 찬

발행처 **MJ미디어**

서울특별시 동대문구 신설동 104의 29
전 화 : 2234-9703/2235-0791/2238-7744
FAX : 2252-4559
등 록 : 1993. 9. 4. 제6-0148호

정가 13,000원

◆ 이 책은 MJ미디어와 저작권자의 계약에 따라 발행한 것이므로, 본 사의 서면 허락 없이 무단으로 복제, 복사, 전재를 하는 것은 저작권법에 위배됩니다.
ISBN 978-89-7880-140-9
http://www.gijeon.co.kr

불법복사는 지적재산을 훔치는 범죄행위입니다.
저작권법 제97조의 5(권리의 침해죄)에 따라 위반자는 5년 이하의 징역 또는 5천만원 이하의 벌금에 처하거나 이를 병과할 수 있습니다.